心是透明的

胡元斌 ♡ 编著

中国商业出版社

图书在版编目（CIP）数据

心是透明的 / 胡元斌编著. -- 北京：中国商业出版社，2019.8
ISBN 978-7-5208-0825-5

Ⅰ. ①心… Ⅱ. ①胡… Ⅲ. ①人生哲学－通俗读物 Ⅳ. ①B821-49

中国版本图书馆 CIP 数据核字（2019）第 142397 号

责任编辑：常 松

中国商业出版社出版发行
010-63180647　www.c-cbook.com
（100053　北京广安门内报国寺 1 号）
新华书店经销
山东汇文印务有限公司印刷

*

710 毫米×1000 毫米　16 开　15 印张　190 千字
2020 年 1 月第 1 版　2020 年 1 月第 1 次印刷
定价：56.00 元

* * *

（如有印装质量问题可更换）

前　言

我们每个人心中都隐藏着许多秘密，但是在很多时候，这些秘密又会不知不觉地在我们的表情中透露出来，这其实是心理活动的一种反映。心理学理论告诉我们，人们在社会实践中，通过感官认识外部世界的事物，并通过头脑的活动，思考事物的因果关系，最后以喜、怒、哀、惧等情感反映在我们的面部表情上。

也就是说，无论我们如何隐藏，心都是透明的，因为心理是人对客观物质世界的主观反映，它必然通过我们的人脑反映在面部表情上。良好的心理，能够提升我们的心理素质，塑造我们的完美个性，增添我们的人格魅力。

同时，不可否认的是，随着自然科学的飞速发展和信息时代的到来，工业化、现代化、社会化、一体化程度在不断提高，人们的生活节奏不断加快，时间越来越宝贵，人越来越为效益所驱使。人与人的交往越来越多，处理微妙复杂的人际关系为每个人所不可避免，各种各样的竞争强度也越来越巨大，人与人之间的收入、社会地位等差异越来越显著。

这些差异使人们的心理逐渐不平衡了，有的人开始心烦意乱，在苦闷绝望中挣扎、煎熬；有的人终日以酒为伴、打架闹事；有的人与人敌对、冲突、诉讼，直至犯罪；还有的人失意、潦倒、家庭不和……这桩桩件件，无一不反映了严峻复杂的心理问题。也就是说，我们现在的生活条件改善了，现代化程度高了，然而，人们的心理问题却越来越严重。那么，怎样才能祛除这些心魔，保持心灵的安宁呢？

首先要热爱生活，热爱自己的工作。善于在生活中寻找乐趣，在工作中不断创造，享受成功的乐趣。其次要善于排除不良情绪。遇到不顺心的事，要及时讲出来，使消极情绪得以释放，从而保持愉悦的心情。第三，要善待别人，帮助别人。以谅解、宽容、信任、友爱等积极态度与人相处，可以得到快乐的情绪体验。另外，帮人助人能使人感到精神上的快慰，也能使自己处在一种良好心境中。最后，要有广泛的爱好。比如旅游、音乐、收藏、体育等，全身心地投入其中，既能增长知识，又能广泛交友，还能享受其中的乐趣，保持愉快的心情。

当然，这些方法只是调适心理的简单方法，要提升人们的心理素质，解除人们的心灵痛苦，还需要学习系统全面的知识。

为了让透明的心充满快乐，也为了使我们的生活充满希望，我们特别编撰了本书。书中主要从生活模式、健康情绪、家庭亲情、恋爱情感、友谊情感、人生成功等方面入手，具体分析了我们在人生的各个方面、各个阶段容易出现的心理问题，切实提出了许多行之有效的自我调适方法，力图对我们的心理健康起到一定的帮助作用，并为谱写快乐而美好的生活奠定坚实的根基。

目　录

第一章　生活模式的心理认知

　　讲卫生是文明优雅的窗口 ·················002

　　要改变不良的饮食习惯 ···················005

　　被烟与酒诱惑会伤害自我 ·················013

　　形成科学的减肥心理 ·····················019

　　运动能促进个体的身心健康 ···············022

　　睡眠是一种重要的生理需要 ···············027

　　得体的穿着是无言的介绍信 ···············032

　　懂得正确的消费心理学 ···················035

　　要保持一颗年轻的心 ·····················039

　　不要在心理上垒起恐老的城墙 ·············043

　　培养良好的做事心态 ·····················046

　　摒弃虚无的完美主义心理 ·················049

第二章　健康情绪的心理调适

　　克服不健康的病态性格 ···················056

　　防止不良情绪的传染 ·····················059

　　有效地克服记忆障碍 ·····················063

科学地战胜情感障碍 ·············· 066

意志障碍是一种心理疾病 ·············· 069

人格障碍是失常的心理特征 ·············· 074

将轻生拒绝在心门之外 ·············· 077

善于将痛苦转化为幸福 ·············· 081

第三章 家庭亲情的心理呵护

父母是生命中恩重如山的人 ·············· 088

尊老敬老是中华传统的美德 ·············· 091

正确看待隔代亲的现象 ·············· 094

善于将代沟调整为交流 ·············· 097

善于将溺爱变为爱护 ·············· 101

善于分析啃老族的现象 ·············· 105

去除空巢老人心理危机 ·············· 108

第四章 恋爱情感的心理自制

过分的单相思会导致心理失调 ·············· 114

用理性的眼光看待一见钟情 ·············· 117

理智地看待网恋问题 ·············· 120

正确看待追求的主动与被动 ·············· 123

消除花心才能得到真爱 ·············· 129

将爱情带入婚姻的殿堂 ·············· 132

营造一个幸福完美的家庭 ·············· 139

第五章 友谊情感的心理感知

有很多良友胜过有很多财富 ·············· 148

哥们儿义气并不是真正的友谊……………………152

异性朋友是宝贵的财富………………………………154

善于把浅交变成深交…………………………………159

不要让多疑毁掉友谊…………………………………167

虚伪是一种不健康的心理……………………………171

不要让嫉妒的阴云覆盖于心…………………………176

自大会使人陷入迷茫…………………………………180

理解是一种最美丽的情感……………………………182

尊重是连接友情的纽带………………………………186

第六章 人生成功的心理塑造

理想是照亮前程的一盏明灯…………………………192

成功需要界定好自己的目标…………………………196

学会克服迟疑不决的心态……………………………199

要改变夸夸其谈的习惯………………………………203

自强是一种奋进的力量………………………………208

树立自立的心态………………………………………212

自信是成功的一柄利器………………………………215

创新是增强活力的源泉………………………………220

以良好的心态面对挫折………………………………226

第一章　生活模式的心理认知

良好的生活模式是一个人积极心理的表现，也是从容与优雅的展示。它不仅体现一个人的修养，也直接关系到人的健康。

生活模式反映着一定的生活习惯，而习惯的力量又是惊人的。习惯能载着你走向成功，也能将你引向失败。如何选择，完全取决于自己。所以我们要善于把握良好的心理，建立良好的生活模式，游刃有余地谱写美好的生活。

讲卫生是文明优雅的窗口

讲卫生是现代文明社会的一个标志,也是一个人文明优雅的必然要求。它作为一种品质,能反映出一个人的素质和修养。

我们很多人有不讲卫生的习惯。晚上不刷牙、起床不叠被子、衣服到处放、穿着太随便、衣服皱皱巴巴、不吃早餐、家里乱糟糟等,更严重的是这些习惯不仅会影响我们的日常工作,而且也会影响一个人的发展前景。因为一个不懂条理、不讲卫生的人是很难把其他事情做好的,因此也很难让别人喜欢与接受。

那么我们该怎么办?该如何培养我们良好的卫生习惯呢?

1. 认识不讲卫生的危害

不注意个人卫生的心理行为,会给自己和别人带来不好的影响,所以我们平时要注意自己的卫生习惯,坚决不做"邋遢鬼"。

许多人平时很少洗脸洗手,这样细菌总是容易附着在手上、脸上,从而引发各种病。

还有一些人不喜欢刷牙漱口,这样很容易让我们得龋齿,一旦得了龋齿,会使我们寝食难安,从而影响日常生活。

有些人不喜欢洗澡、洗脚，不经常换内衣内裤。也许我们自己天天如此，没有觉得不好，可是你有没有想过，这样我们肯定会气味难闻，被别人疏远，而且，不洗澡身体就会发痒，也不利于健康。

还有许多人不喜欢理发、剪指甲，认为那样没必要。事实上，我们的指甲长了，很容易藏污纳垢，特别不卫生，也容易导致我们抓伤皮肤，引发皮肤炎症。

特别是在外出旅游时，更可以看到许多人不卫生的习惯。在公共场所随处丢垃圾、随地吐痰、擤鼻涕、吐口香糖、上厕所不冲水，不讲卫生留脏迹。不讲卫生的人并不知道，自己这副形象以及所谓的自身特点，常常会给他人带来多少不便和尴尬，同时也使自己形象遭受到极大的损失。

更可笑的是，有许多人把不讲卫生看成一种潇洒，事实上这是一种错误的认知，我们所犯的错误，不仅仅是对自己问题的认知，同时也有对他人问题的认知。

在我们很多人的眼里，不讲卫生是一个小毛病，是个人习惯不好，是不值一提的小事情，但事实绝非如此。

就拿许多不讲卫生喜欢乱扔垃圾的人来说吧！如果我们人人都这样做，那人生处处都会是垃圾堆，我们自己也无法生活。细菌繁殖，会给我们带来极大危害。如果我们将垃圾扔进河里，河水就会被污染，变成臭水，进而周围空气就会变得很不好。

讲卫生是我们每个人的责任和义务，也是我们每个人每天要做的事情。如果我们每个人都注意一下自己的个人卫生和我们周围的卫生，不再那么邋遢的话，那么我们每天都能生活在优雅、清洁的环境中，能看到美丽的环境，呼吸到清新的空气，心情就会很舒畅。

如果我们长期在优雅、整洁美丽的环境中工作、生活，我们的工作效率就会提高，生活质量就会变好，也不会那么容易生病。我们一定要从小养成讲卫生的好习惯，每个人都做到自觉卫生，积极搞好卫生工作，这样我们的生活环境才能变得更美好！

2. 注重保持卫生的方法

我们的个人卫生包括有助于促进或者保持健康的个人习惯，例如爱干净的习惯。在类似流感的高传染流行性疾病中，个人在公共场所和家庭中的卫生行为应该受到特别的重视。我们平时该如何保持自己的清洁呢？

（1）双手的卫生

我们的一双手在日常生活中与各种各样东西接触，必然会沾染灰尘、污物，以及有害有毒物，还有细菌、病毒等。

手沾染灰尘、污物，我们能够看见，但如果沾染微生物、细菌等，我们的眼睛是无法看见的，必须用显微镜放大几百倍甚至千倍才能看到。有科学家做过调查，一双不清洁的手，可能有4万~40万个细菌。这是多么可怕啊！因此我们应当重视双手的清洁卫生，人人要养成经常洗手的习惯，饭前便后更应洗手，还要经常剪指甲，防止微生物、细菌躲藏在里面。

如果我们是从事饮食行业的人员，那更要养成良好的卫生习惯了！因为这不仅关系着你自己的健康，更关系着所有你要服务的人的健康。

让我们每个人都经常洗手，保持一双清洁的手吧！

（2）皮肤的卫生

我们人体皮肤的功能很重要，不仅能防御有害物质侵犯人体，保护健康，还参与调节人体新陈代谢的功能。但是，由于我们的皮肤不断分泌汗液及皮脂，因此灰尘、微生物及细菌等很容易黏附在皮肤上。

如果我们皮肤不能保持清洁卫生，不但可能影响皮肤正常的生理功能，还可能引起皮肤病，如疖肿、皮癣、疥疮等。因此，我们应当注意皮肤的清洁，经常洗澡，换衣服，除去皮肤上的汗垢、尘污和皮屑等不洁之物，保持皮肤的清洁卫生。

（3）五官的卫生

口腔是我们消化道的入门，与呼吸道关系密切，由于温度、湿度、酸碱度以及残留在口腔的食物残渣，均适宜微生物、细菌的生长繁殖，不仅容易损坏牙齿，还能引起其他疾病，如扁桃体炎、呼吸道疾病、风湿性心脏病、肾炎等。我们应当注意口腔的清洁卫生，坚持每天刷牙漱口，养成良好的卫生习惯。眼、耳、鼻是我们最重要的感觉器官，也是我们人体对外开放的通道，必须注意清洁卫生，纠正不良习惯，预防感染。

总之，我们一定要有良好的卫生习惯，做到常洗手、常剪指甲、勤洗头、勤洗澡、勤换内衣。上班要穿工作服，工作服要勤洗、勤换，保持清洁。在工作场所不吸烟，不随地吐痰。只要我们不断坚持，一定能让自己成为一个讲卫生的人。

要改变不良的饮食习惯

要改掉不良的饮食习惯，必须要有改正的心理愿望。一位心理学家曾说："一切行为都源于动机，并且这种动机必须发自内心才能有效。"

在我们的生活中，影响个人健康的因素很多。近年世界卫生组织对影响人类健康的众多因素进行了评估，其中膳食营养对人体健康的影响仅次于遗传因素，大大高于医疗条件因素。

由此不难看出，饮食对我们人体健康是多么重要。

1. 了解不良饮食习惯的表现

饮食是我们摄取营养、维持人体生命活动所不可缺少的。但是，饮食不规律、饮食不洁或饮食偏嗜，则会大大影响我们人体的健康运转，让我们的寿命大打折扣，同时还会影响到我们人生的快乐幸福。具体来说，不良的饮食习惯有哪些呢？

（1）暴饮暴食

肠胃的活动和消化液的分泌是昼夜变换的，所以我们的一日三餐必须定时才能维持消化系统按昼夜规律正常运转。当饮食不规律时，肠胃的运动和消化液的分泌便会出现不协调，日久就会导致肠胃病。

（2）狼吞虎咽

我们应该养成吃饭细嚼慢咽的习惯，尤其是对过硬、过于粗糙的食物更应细细嚼碎。我们要知道，如果没有细嚼就狼吞虎咽地把食物咽入胃中，会损伤我们的胃黏膜，甚至导致胃溃疡。

（3）电视佐餐

我们不少人吃饭时端着饭碗跑到电视机面前坐着，眼睛一动不动地盯着屏幕，嘴巴做着机械式的咀嚼，筷子往嘴里塞着食物。长此以往，我们就会得肠胃消化道疾病。吃饭看电视还让我们与家庭其他成员的沟通减少，容易造成性格孤僻，成为一个既不健康也不快乐的人。

（4）电脑佐餐

电脑逐渐成为我们日常生活的一部分，我们接触电脑的时间越来越长，甚至有许多人在吃饭时间也在上网，随之而来的就是身体状况越来越差。用餐时及餐后长时间坐在电脑前，会使肠胃功能消退。另外，我们大多数上网的人对饮食没有选择，食物营养摄入严重不足。

（5）润喉片当糖

润喉片可用来治疗我们的口臭、声音嘶哑、口腔溃疡、咽喉炎等疾病。它有甜味，于是我们一些人没病时用它当糖解馋。俗话说"是药三分毒"，因此润喉片也不能随便服用。如果我们滥用润喉片，可抑制我们口腔及咽喉内正常菌群的生长，导致疾病的发生。

（6）严重偏食

偏食是一种因人而异的不良习惯。我们有的人偏荤，有的人偏素。这种饮食习惯应当纠正，因为它极容易引起我们营养失调，抗病能力低下，身体发育不良，影响健康。

偏食容易导致我们患某些疾病。如偏食糖容易引起胃病、糖尿病、皮肤病；偏食肉容易导致动脉粥样硬化、冠心病；偏食盐则易使血压升高。

偏食还会影响我们的后代健康，因为当女性怀孕期间体内营养不能满足胎儿正常生长发育时，就会导致婴儿疾病、畸形、发育不良。

（7）贪吃零食

如今的零食名目繁多，包装考究，让我们许多人心头发痒，加上减肥思想作怪，我们很多人更是把零食当正餐。零食过量会影响食欲，妨碍正餐的摄入量，从而影响身体正常的生长发育。

（8）喜欢色素食品

色素是一种化学品，对食用色素的使用和限量国家有严格的卫生标准。一些小食品加工厂为扩大销售，降低成本，大量使用色素，甚至使用非食用色素，利用色素来吸引我们购买，而长期食用色素超标的食品对我们身体极为有害。

（9）爱街边小吃

街边小吃摊，特别是一些临时小吃摊，卫生条件差，食品易受灰尘、废气等带菌空气污染，加上有的油炸食品原料来源不明，对我们身体健康危害极大。特别是正处于发育阶段的年轻人，如果长期食用不干净的油炸食品，后果将不堪设想。

（10）饮料当水

我们许多人喜欢饮料，无论何种场合都倾向于喝饮料。我们甚至以饮料代替水，喝饮料喝得上了瘾，长此以往身体也出现了毛病，经常无缘无故地流鼻血，弄得一家人都很不安。其实口渴了应该多喝水，饮料适当喝一点是可以的，但不能完全代替水。

（11）不喝牛奶

牛奶对于我们每个人来说都很重要，它是提供优质蛋白质的食物，具有人体必需的微量元素和氨基酸，但有的人比较偏食，拒绝喝牛奶，造成身体营养不良。其实如果养成每天喝牛奶的习惯后，健康离我们会很近。

（12）好吃烧烤

熏烧的食物大多是有害健康的，如果我们经常在饭前摄入大量高热量但没有营养价值的烧烤食品，日久天长会引起肠胃功能失调，而且体内长期摄入熏烧太过的蛋白类食物易诱发癌症。

（13）过食刺激性食物

现代医学表明，我们长期饮酒或一次性大量摄入酒精，可发生急性胃黏膜炎症。这是因为酒精破坏了胃黏膜的保护层，引起胃黏膜充血、水肿，甚至出血糜烂。

实验研究表明，浓茶与浓咖啡等含咖啡因较多的物质能刺激我们胃的腺体，使胃酸以及胃蛋白酶等消化液分泌增加，直接引起或加重溃疡。

辣椒、生葱、生姜、蒜可导致胃黏膜充血、水肿，甚至出血、糜烂，所以患有胃炎、胃溃疡的病人应少吃或不吃为佳。没有胃病的人吃这些辛辣食物要有度，以逐渐适应。

（14）喜食过冷过热食物

多食生冷寒凉饮食，可引起我们胃及血管收缩，胃的蠕动和胃液的分泌发生紊乱，日久就会导致胃病发生。中医认为，过食生冷寒凉饮食，会损伤脾胃阳气，因而出现胃痛、呕吐等症。进食过热的饮食，会引起胃黏膜充血甚至糜烂而发展为胃病。

（15）多食难消化的食物

中医认为，过食肥甘厚味，会影响我们脾胃的功能。西医认为，脂肪及其消化产物进入十二指肠，能显著地抑制胃液分泌，这样就能造成消化不良，日久则会导致胃病。

（16）进食变质食物

不干净的饮食进入我们的胃中，可直接使胃黏膜发生炎症，出现充血、水肿。进食不新鲜或霉变食品还会导致胃癌。如经常吃腌制的蔬菜、咸鱼、熏烤的肉类，用烟煤直接烘干的粮食、油炸食品，以及霉变的玉米、花生仁、豆类，则易引发胃癌。

2. 做到健康饮食的方法

民以食为天，在解决温饱之后，我们对于各种美味中所隐藏的神奇奥妙愈加关注。为了从日常饮食中获取更多的营养，或是改善自身的健康，我们开始对食物越来越挑剔、越来越苛求，因为一分一厘的取舍对于我们来说都至关重要，那么，我们该如何使自己的饮食习惯更健康呢？

（1）食物多样

我们的食物应该是多种多样的，各种食物所含的营养成分不完全相同，除母乳外，任何一种天然食物都不能提供人体所需的全部营养素。

平衡膳食才能满足人体各种营养需要，达到合理营养、促进健康的目的，因而我们要广泛食用多种食物。

（2）谷类为主

谷类食物是我国传统膳食主体，但随着经济发展、生活改善，我们倾向于食用更多的动物性食物。这种"西方化"或"富裕型"膳食提供的能量和脂肪过高,而膳食纤维过低,对一些慢性病预防十分不利。提出谷类为主是为了提醒人们保持膳食的良好传统,防止发达国家膳食的弊端。

(3) 粗细搭配

我们要注意粗细搭配,经常吃一些粗粮、杂粮等。稻米、小麦不要碾磨太精,否则谷粒表层所含的维生素、矿物质等营养素和膳食纤维会大部分流失到糠麸之中。

(4) 多吃蔬菜

我们要养成多吃蔬菜的习惯,蔬菜含有丰富的维生素、矿物质和膳食纤维。蔬菜的种类繁多,如植物的叶、茎、花薹、茄果、鲜豆、食用菌、藻类等,不同品种所含营养成分不尽相同,甚至差异很大。

红、黄、绿等深色的蔬菜中维生素含量超过浅色蔬菜和一般水果,它们是胡萝卜素、维生素B_2、维生素C、叶酸、钙、磷、钾、镁、铁、膳食纤维和天然抗氧化物的主要或重要来源。

(5) 多吃水果

我们平时要注意多吃水果。水果与蔬菜一样,富含维生素、矿物质和膳食纤维。虽然有些水果维生素及一些微量元素的含量不如新鲜蔬菜,但水果含有葡萄糖、果酸、柠檬酸、苹果酸、果胶等物质又比蔬菜丰富。红黄色水果如鲜枣、柑橘、柿子和杏等是维生素C和胡萝卜素的丰富来源。

(6) 多吃薯类

薯类含有丰富的淀粉、膳食纤维,以及多种维生素和矿物质,我们应当多吃些薯类。

(7) 常吃奶制品

奶类除含丰富的优质蛋白质和维生素外,含钙量较高,且利用率也很高,是天然钙质的极好来源。我国居民膳食提供的钙质普遍偏低,平均只达到推荐供给量的一半左右。

我国婴幼儿佝偻病的患者也较多,这和膳食中钙不足可能有一定的联系。大量的研究工作表明,给儿童、青少年补钙可以提高其骨密度,从而延缓其发生骨质丢失的速度。因此,我们平时应适当多摄入一些奶制品。

(8)多吃豆制品

豆类是我国的传统食品,含大量的优质蛋白质、不饱和脂肪酸、钙及维生素B_1、维生素B_2、叶酸等。为提高农村人口的蛋白质摄入量及防止城市中过多消费肉类带来的不利影响,我们应大力提倡豆类,特别是大豆及其制品的生产和消费。

(9)适量吃荤

鱼、禽、蛋、瘦肉等动物性食物是优质蛋白质、脂溶性维生素和矿物质的良好来源。动物性蛋白质的氨基酸组成更适合人体需要,且赖氨酸含量较高,有利于补充植物蛋白质中赖氨酸的不足。肉类中铁的利用较好,鱼类特别是海产鱼所含不饱和脂肪酸有降低血脂和防止血栓形成的作用。

我国相当一部分城市和绝大多数农村居民平均吃动物性食物的量还不够,应适当增加摄入量。但部分大城市居民食动物性食物过多,谷类和蔬菜摄入不足,这对健康不利。

(10)慎吃内脏

动物肝脏富含维生素A,以及维生素B_{12}、叶酸等。但有些内脏器官如脑、肾等所含胆固醇相当高,对预防心血管系统疾病不利。我们在吃动物内脏时,要注意选择。

(11)减少油脂

肥肉和荤油为高能量和高脂肪食物,摄入过多往往会引起我们身体肥胖，同时还会导致某些慢性病，所以我们应当少吃。猪肉脂肪含量高，我们应当少吃。鸡、鱼、兔、牛肉等动物性食物含蛋白质较高，脂肪较低，产生的能量远低于猪肉，我们应该多吃这些肉类。

（12）保持平衡

进食量与体力活动是形成我们体重的两个主要因素。如果进食量过大而活动量不足，多余的能量就会在体内以脂肪的形式积存，造成肥胖；相反，若食量不足，劳动或运动量过大，可由于能量不足引起消瘦，造成劳动能力下降。所以我们应该保持身体的收支平衡，形成健康体魄。

（13）清淡少盐

清淡膳食有利于我们身体健康。清淡即不要太油腻，不要太咸，不要摄入过多的动物性食物和油炸、烟熏食物。目前，我们许多城市居民油脂摄入量越来越高，这样十分不利于健康。

我国居民食盐摄入量过多，平均值是世界卫生组织建议值的两倍以上。流行病学调查表明，钠的摄入量与高血压发病呈正相关，因而食盐摄入不宜过多。世界卫生组织建议每人每日食盐用量不超过6克。膳食钠的来源除食盐外还包括酱油、咸菜、味精等，以及含钠的加工食品等。应从幼年就养成少盐膳食的习惯。

（14）饮酒限量

在节假日、喜庆和交际的场合人们往往饮酒，高度酒含能量高，不含其他营养素。无节制地饮酒，会使食欲下降，食物摄入减少，以致发生多种营养素缺乏，严重时还会造成酒精性肝硬化。

过量饮酒会增加患高血压、中风等危险，并可导致事故及暴力事件的增加，对个人健康和社会安定都是有害的，应严禁酗酒。若饮酒可少量饮用低度酒，青少年不应饮酒。

（15）饮食清洁

在选购食物时，我们应当选择外观好，没有泥污、杂质，没有变色、变味并符合卫生标准的食物，严控病从口入。进餐要注意卫生条件，包括进餐环境、餐具和供餐者的健康卫生状况。集体用餐要提倡分餐制，减少疾病传染的机会。

被烟与酒诱惑会伤害自我

烟与酒是交际场上几乎不可或缺的东西，平时我们应酬多的人往往是烟不离手、酒不离席，逐渐形成了烟瘾、酒瘾，长期如此，势必会严重危害我们的健康。在香烟烟雾中，含大量尼古丁、多环芳香烃、苯并芘及β-萘胺等，已被证实的致癌物质约40种。

不管是哪种酒、什么纯度的酒，只要摄入的酒精超出标准，都会对我们的肝脏造成严重伤害。

1. 拒绝香烟的诱惑

长期吸烟的人往往都有烟瘾，这主要是尼古丁长期作用的结果。尼古丁就像其他麻醉剂一样，刚开始吸食时并不适应，但如果吸烟时间久了，血液中的尼古丁达到一定浓度，反复刺激大脑并使各器官产生对尼古丁的依赖，此时烟瘾就缠身了。那么，我们该如何才能戒掉自己的烟瘾呢？

（1）认清危害

吸烟会导致多种脑部疾病，会降低循环脑部氧气及血液，使脑部血管出血及闭塞，从而导致麻痹、智力衰退及中风。吸烟导致我们脑部血管痉挛，使血液比较容易凝结，故吸烟者中风概率较非吸烟者高出两倍。吸烟会导致我们患喉癌的概率大大增加，喉癌患者以男性烟民居多。

吸烟会使我们的脂肪积聚、血管闭塞，让我们容易患冠状动脉心脏病。吸烟令我们的血管收缩，减慢血液及氧分循环，最终导致血管壁变厚，诱发冠心病及中风。吸烟会令手脚血液流通受阻，严重时还能造成截肢。吸烟会导致肺癌的发生，如果一个人每天吸10支烟，其患病率是非吸烟人士的10倍。被破坏的细胞不能回复正常。

由吸烟造成的初期病征我们往往不会察觉，直至癌性细胞蔓延至血管及其他器官。吸烟也会导致肺气肿的发生，肺部支气管内积聚有毒物质，会阻碍人体吸入的空气正常呼出，令肺部细胞膨胀或爆裂，导致患病者呼吸困难。

如果患有肠胃性疾病，吸烟足以使肠胃病更恶化。如果患有胃溃疡或十二指肠溃疡，溃疡处的愈合会减慢，甚至演变为慢性病。

吸烟能刺激神经系统，加速唾液及胃液的分泌，使胃肠时常出现紧张状态，导致吸烟者食欲不振。另外，尼古丁会使胃肠黏膜的血管收缩，也令食欲减退。

另外，吸烟还会对骨骼、支气管、肝脏、肠、眼部、生殖系统等产生不同程度的危害，我们一定要认清吸烟的这些危害，进而克服自己吸烟的不良习惯。

（2）消除紧张情绪

紧张的工作状况是你吸烟的主要起因吗？如果是这样，那么拿走你周围所有的吸烟用具，改变工作环境和工作程序。

我们可以在工作场所放一些无糖口香糖、水果、果汁和矿泉水，多做几次短时间的休息，到室外运动运动。

（3）体重问题

吸烟的人戒烟后会降低人体新陈代谢的基本速度，并且会吃更多的食物来替代吸烟，因此我们在戒烟后体重在短时间内会增加几公斤，但可以通过加强身体的运动量来应付体重增加，因为增加运动量可以加速新陈代谢。吃零食最好吃无脂肪的食物。另外，多喝水，使胃里不空着。

（4）加强戒烟意识

可以通过改变工作环境及与吸烟有关的老习惯，让自己主动想到不再吸烟的决心。要有这种意识，戒烟几天后味觉和嗅觉就会好起来。

（5）寻找替代办法

可以做一些技巧游戏，使两只手不闲着，通过刷牙使口腔里产生一种不想吸烟的味道，或者通过令人兴奋的谈话转移注意力。

（6）公开戒烟

可以公开戒烟，并争取得到朋友和同事们的支持，这样我们再想抽烟的时候，会自觉进行克制。

（7）少参加聚会

刚开始戒烟时要避免受到吸烟的引诱，如果有朋友邀请你参加非常好的聚会，而参加聚会的人都吸烟，那么至少在戒烟初期应婉言拒绝参加此类聚会，直到自己觉得没有烟瘾为止。

（8）参加运动

经常运动会提高我们的情绪，冲淡烟瘾，体育运动会使紧张不安的神经镇静下来，并且会消耗热量。

（9）扔掉吸烟用具

烟灰缸、打火机和香烟都会对戒烟者产生刺激，应该把它们扔掉。

（10）转移注意力

尤其是在戒烟初期，我们要多花点钱从事一些会带来乐趣的活动，以便转移吸烟的注意力，晚上不要像通常那样在电视机前度过，可以去按摩，听激光唱片，上互联网冲浪，或与朋友通电话讨论股市行情。

（11）经受得住重新吸烟的考验

在戒烟后又吸烟不等于戒烟失败，吸了一口或一支烟后并不是一切都太晚了，但我们要仔细分析重新吸烟的原因，避免以后重犯。

2. 拒绝美酒的诱惑

几杯酒下肚，你可能有一些自信满满、飘飘欲仙的感觉。遗憾的是，这些都是幻觉。要彻底戒除酒瘾，关键是我们当事人必须真正认识到过量饮酒的危害性，决心戒酒。

我们平时该如何克服自己酗酒的毛病呢？

（1）认清原因

在生理方面，酒精会改变大脑内化学物质的平衡。酒精会影响大脑神经中枢内的化学物质，如多巴胺，最终导致人体渴望酒精，以恢复愉悦的感觉，避免消极感受。

如果我们本来就压力很大，或有自卑及抑郁等心理问题，则更容易形成酗酒。社会因素也是导致酗酒的重要原因，如同伴的压力、广告和环境等。年轻人开始喝酒的原因往往是效仿朋友。电视上播放的啤酒和酒精饮料广告，也往往将喝酒表现为迷人、愉快的消遣活动。

酗酒习惯还受我们民族传统和风俗习惯的影响，许多国家和民族把饮酒当作社交和礼仪需要。如在逢年过节，亲朋好友相聚时，都要举杯畅饮，以增添喜庆气氛。

另外，许多人生活枯燥、精神空虚，或感到前途渺茫，于是常常借酒消愁，以减轻精神上的苦恼，即所谓"一醉解千愁"。

（2）认清危害

酒精进入人体后，会抑制抗利尿激素的产生。身体缺乏该激素后，会抑制肾脏对水分的重新吸收。所以饮酒者会老往厕所跑，身体水分大量流失后，体液的电解质平衡被打破，恶心、眩晕、头痛症状，就会相继出现。酒精会刺激身体的雌激素分泌，所以爱饮酒的男人乳房会逐渐增肥增大。由于喝酒会减弱肝脏功能，而雌激素在肝脏内分解，所以酗酒的男人更易患乳腺癌。男性胸部较平坦，患乳腺癌后扩散速度较快。

酒精能使我们的胃黏膜分泌过量的胃酸。故大量饮酒后，胃黏膜上皮细胞受损，诱发黏膜水肿、出血，甚至溃疡、糜烂。程度再严重些就会出现胃出血。

酒精可通过多种途径诱发急性胰腺炎。如酒精刺激胃壁细胞分泌许多有害物质，继而影响十二指肠内胰泌素和促胰酶素的正常分泌，最终使得胰腺分泌亢进。

酒精会损伤脑细胞。饮酒6分钟后，脑细胞开始受到破坏。长期酗酒者的记忆力会越来越差。酒精可诱发心肌炎。酗酒的人，心肌细胞会发生肿胀、坏死等一系列炎症反应。在酒精的作用下，心率加快，心脏耗氧量剧增，心肌因疲劳而受损。

酒精和骨质疏松症联系在一起是因为酗酒导致身体养分加速流失，这也就意味着我们的骨质正在流失。

只要喝的比最少量多一点，甚至是工作后那么有限的几杯都有可能升高你的血压水平。如果你经常性地大量酗酒，那么你的血压水平会一直很高，直到你戒酒之后才有可能恢复正常。

酒精是酸性的，因此大量饮酒可能会使你的胸部和嗓子有一种很恶心的灼烧感觉，不好下咽东西，甚至引起反胃或者反酸。

你可能快乐逍遥几个小时，但是事实上酒精是一种镇静剂，也就是说开始把你带到一种近乎完美的粉红色的至高虚幻境界，然后又一下子把你拽回到现实之中,紧随其后的就是忧郁不振。

酗酒也容易肝硬化,当你的肝细胞死亡后,肝脏组织开始结成硬痂,然后肝脏逐渐硬化,这就是长期酗酒的直接后果。如果你从刚成年的时候就开始几乎日日豪饮的话,现在是该喊停的时候了。值得庆幸的是,肝脏有自我修复的功能,但是只有你给它充足的时间来这样做才行。

另外,酒醉后,非常容易发生工伤事故、交通事故,造成严重后果。有时还会出现早逝和自杀现象。这也会给我们的家庭和社会带来灾难。

(3)从现在做起

如果你对酒精尚未达到依赖的程度,那么从现在开始给自己规定每天最多喝一瓶啤酒。随着酒精摄入量的减少,肝脏极可能自然恢复到正常状态。同时,尽管我们无法让死去的脑神经细胞复活,只要没有大量酒精的刺激,大脑的记忆功能也会渐渐恢复。

(4)认识疗法结合厌恶疗法

我们必须先在思想深处认识到过量饮酒的危害,并在纸上一一列出,最好再用漫画的形式直观生动地表现出来。

比如,我们可以画这么几张画,第一张画一个男人在喝酒,一只手摸着隆起的腹部,旁边写着:过量饮酒,肝要硬化;第二张画一位男子手握酒瓶,和妻子对骂,小孩坐在地上号啕大哭,旁边注明:丈夫酗酒,家庭不和;第三张可画上一个男人醉酒后躺在地上,旁人投来嘲笑和轻蔑的目光,旁边写明:酒鬼无人敬。

当我们的饮酒意念十分强烈时,就把这些画取出来看看,逐渐就会建立起对酒的厌恶情绪。

(5)系统脱敏法结合奖励强化法

它不要求我们一下子就改掉酗酒的不良习惯,而是每天逐渐地减少饮酒量。因此它的痛苦性低、成功率高。

在戒酒的过程中，若我们完成了当天应减少的指标，自己或亲人应给予一些小奖励，以巩固和强化所取得的成果。

为避免心理上若有所失的难熬感觉，我们戒酒者应积极从事一些其他有兴趣的事情，用新的满足感的获得来抵消旧的满足感的失去。

（6）群体心理疗法

这种疗法是充分发挥群体对我们个人的心理功能来治疗心理疾病的技术和措施，效果也非常好。具体措施就是让我们已有酒瘾但尚未患病的人与患病之后获愈的人组织起来，定期进行戒酒的集体经验交流，商讨可行的办法。另外，药物也有一定的作用，但它的作用是一时的，要真正地改正喝酒很难，所以，只有主观上从心理改正了，才可以真正戒酒。

形成科学的减肥心理

减肥属于以减少人体过度的脂肪、体重为目的的行为方式，其也可以说是一场心理攻坚战。的确，在越来越多的人感叹"衣服都是为瘦人做的"的今天，身材苗条，会使你变得更加轻盈美丽，还可以使你穿上合身时髦的衣服。并且减肥还有保持健康等许多重要的理由。减肥除了服用药物、控制饮食、加强运动外，从心理方面进行治疗也是十分必要的。

1. 消除不科学的减肥心理

减肥是个过程，需要克服一些不正确的心理障碍，这样我们才能真正让自己找回健康快乐。我们要克服哪些不科学的减肥心理呢？

（1）被动心理

有一部分肥胖者常常是在被动心态下参加减肥，容易形成对医生、药物的依赖性，而且有些人缺乏主动配合心理状态，这样减肥很难取得成功。

（2）消沉心理

当肥胖者减肥受挫，尤其是在采取了各种常用方法体重不降反而增长后，特别是自制力比较弱的肥胖者，会因减肥无望而丧失信心，继而会产生消极心态，甚至自暴自弃。

（3）疑虑心理

有的肥胖者总觉得别人另眼看自己，见别人在说话时就怀疑别人在议论自己，鄙视自己。

（4）贪吃心理

我们要认识贪吃的危害性，制订合理的饮食计划，安排好具体作息时间与活动内容，分散自己对吃的注意力。

（5）惰性心理

我们许多肥胖者不喜欢运动，这些情况尤其见对于重度肥胖者。

（6）速效心理

不少肥胖者希望能快速减肥，早日达到理想目标，因此在减肥过程中往往中止治疗，半途而废。往往是开头几天体重下降明显，兴趣颇高。可当机体对此逐渐适应之后，体重下降变化不明显时，便误认为治疗失效。

（7）不反弹心理

减肥后出现的反弹现象较为常见，特别是当减肥取得明显效果，体重已恢复到接近正常水平时。所以我们在减肥成功时，还要继续坚持自己的减肥计划。

（8）单纯运动心理

就消耗能量而言，运动减肥毋庸置疑地对所有人都有效。但我们要知道，单纯运动并不能完全解决问题，既坚持体育锻炼又适当节食，才是正确的减肥之路。

（9）单纯节食心理

目前各种减肥食品、饮品、药物、器械的广告铺天盖地，某些宣传给我们的印象是不运动也能减肥，这显然是一种误解。

（10）劳动替代心理

体力劳动虽然同样可以消耗掉我们的热量，但往往不是全身协调运动，很多部位得不到锻炼。有计划的体育锻炼不仅可以消耗多余的热量，更重要的是可以使全身各部位平衡协调地得到锻炼与发展。

（11）先天遗传心理

肥胖与遗传是有关系的，但遗传只是一种促发因素，并不能决定我们是否肥胖。据统计，90%以上的胖人是因为饮食过量与运动不足引起的。但有些肥胖的人往往不愿意承认。与其强调自己肥胖的特殊性，不如实行减肥行动为好。

（12）过分减肥心理

有资料证明，女性特别是少女如果过分瘦弱，会直接影响身体发育，甚至还会影响妇女的生育能力。因此，减肥不能过分，应适可而止。

（13）迷信广告心理

对大多数人来说，减肥是一个艰苦的过程，没有捷径可走。必须要有诚心、信心、决心、耐心和恒心，坚持科学减肥方法。

2．树立科学的减肥心理

减肥过程中心理的平衡与否往往是减肥能否成功的关键。在减肥中还可以采用对其起一定辅助作用的心理疗法。所谓心理疗法，是根据条件反射的原理，纠正肥胖者由异常饮食习惯所造成的过食行为，有助于培养科学的饮食习惯。

（1）自控法

自控法即自我监督、观察、认识自己的饮食行动，以便自我控制的方法。根据肥胖者的膳食特点，可依据具体方法进行约束。只在一定时间、一定地点进餐，绝不边看电视边进食，进食时细嚼慢咽，而不要狼吞虎咽。

（2）厌恶法

厌恶法是我们运用外界因素不断提醒自己减肥的方法。例如，在经常进食的场所，写上某些警句，如"肥胖使我体弱多病，肥胖使我远离社会，我的减肥目的是……"当你面对美味佳肴忘乎所以时，这些警句能起到告诫作用，促使你保持克制，不致暴饮暴食。

（3）想象法

当食欲旺盛无法控制时，试着想象一下自己因肥胖而可能发生的心脏病、高血压、糖尿病等疾病，为了远离疾病，也要将减肥坚持下去。

（4）转移法

当我们减肥者无法摆脱强烈的食欲诱惑时，运用心理转移法，即把注意力转移到另一个具有吸引力的东西或某一项活动上去。

比如，在产生食欲之际外出游玩、打球、看电影或咀嚼一些低热量的食品如橄榄、胡萝卜、口香糖之类。

应根据自己的兴趣和爱好选择转移对象本身，吸引力越大，兴趣转移得越快，节制进食的效果也会越好。

运动能促进个体的身心健康

生命在于运动，运动能塑造强健的身体，增强抵抗疾病的能力。然而，对人体而言，运动也是有极限的，一旦超过了这个限度，对人可能非但无益，反而会有害。并且心理状态对运动的进行也是有很大影响的。

1. 认识运动对心理的益处

治疗心理不健康有很多方法，体育运动便是其中一种。体育运动是一种积极的主动活动过程，可以有效塑造人的行为方式，因此也能促进个体的心理健康。

（1）改善情绪

体育运动能为我们郁结的消极情绪提供一个发泄口，心情郁闷时去运动一下能有效宣泄坏心情。尤其遭受挫折后产生的冲动能被升华或转移。

（2）培养意志

艰苦、疲劳、激烈、竞争是体育运动的特点，在参加体育运动时，我们总会感受到强烈的情绪体验和明显的意志努力。

因此，体育运动有助于培养人勇敢顽强、坚持不懈的作风，团结友爱的集体主义精神与机智灵活、沉着果断的品质。另外，还能使我们保持积极向上的心态。

（3）和谐关系

体育运动让群体成员产生情感上的相互感染、沟通，从而增进了解。由于体育运动的集体性和公开性，在体育运动中的人际交往，能促进良好人际关系的发展，变得关系融洽，团结协作。

（4）认识自我

在运动中对自己身体的满意可以增强自信，竞争又使自己的社会价值被认可。体育运动暴露了自身的优点与缺点，从而让我们不断修正自己的认识和行为，发挥潜能与长处，克服缺点，改正不足，正确对待成功与失败。

（5）促进协调

行为协调是指我们的行为是一贯的、统一的，反应适度指既不异常敏感，也不异常迟钝，刺激的强度与反应的强度之间有着相对稳定的关系。体育运动大多在规则的规范要求下进行，所有参与者都会受到规则的约束，因此体育运动对培养良好的行为规范有着重要和积极的作用。

（6）培养竞争意识

体育运动是在规则的要求下，使双方在对等的条件下进行体能和心理等方面较量的运动。这种竞争追求卓越成绩的努力，证明自己或本队比对手更强、更出色。因此，体育运动可以有效地培养我们的竞争意识。

（7）培养合作意识

体育运动同时也是包括个人的集体项目。在一个集体中，每个成员的一切行为都要有整体意识，要从全局出发，抛弃个人的私心杂念，为加强和发挥整体力量而努力。

当然，这种合作不局限于同一集体内，还应包括与对手、观众、裁判等方面的合作。不尊重对手、观众，不服从裁判的判罚，比赛将无法进行。因此，体育运动可以有效地培养我们的合作与竞争意识。

（8）使人更聪明

我们如果能经常进行有规律的、适量的运动，也能让大脑中的海马体长出更多的细胞，让人的思维、感觉和反应都能更灵敏，从而让人变得更聪明起来。久坐少动、缺乏锻炼的生活方式已经成为全球引起死亡和残疾的十大主要原因之一。心脑血管病、二型糖尿病、骨质疏松症及某些癌症的发生都与我们的体力活动没有达到有益于自身健康的要求有关。

2．拥有正确的运动心理

正确的运动能够缓解我们的沮丧情绪，减轻压力和忧虑，还能够更大地满足日常生活对体力方面的需求,因而,整体生命质量都会随之得到神奇般的改善。我们该如何树立正确的运动心理呢?

(1)坚持锻炼

我们应把锻炼作为自己日常生活的一部分,就像吃饭喝水一样必不可少。锻炼需要精力充沛地进行,否则很难从中受益。

(2)有氧运动

有氧运动指的是我们运动时体内代谢是以有氧代谢为主的耐力性运动。特点是强度不大、有节奏、不中断和持续时间较长。

有氧运动能使我们吸收比平时多几倍至几十倍的氧,明显提高机体的摄氧量,并且有氧运动过程中产生的中间代谢产物是水和二氧化碳,可以通过呼吸很容易将其排出体外,对人体无害。

(3)经常步行

世界卫生组织经过充分研究,尤其是从中老年身体健康安全和保健防病的角度考虑,于1992年向全球发出建议,最好的运动是步行。

我们要坚持每天步行3000米,时间在30分钟以上,每周运动5次以上。运动后每分钟的心跳次数加年龄为170左右,这样的运动强度属中轻度,又比较安全。

(4)不宜晨练

一天中,人体最危险的时刻是清晨。人的生理生化功能有生物钟效应,清晨时,绝大部分人的体内生物钟处在最低潮。

世界卫生组织做过统计,全世界清晨死亡者占一天总死亡者数的60%。清晨不仅是心脏病发作的高峰时段,也是心脏猝死发生的最多时段。

有人认为,清晨锻炼身体,尤其对中老年人来说不是最佳时间。冬天或是气候变化季节的清晨是一天中气温最低的时刻,更不利于中老年或体弱有病者锻炼。气象专家说,清晨给人以空气清新的感觉是一种错觉,有关部门做过这方面的测定,清晨,空气中二氧化碳量和二氧化硫量都比下午、晚上高,清晨的空气质量是一天中最差的。

(5)宜晚不宜早

有人认为,下午或傍晚是我们锻炼的最佳时间,原因有三:一是下午人体生物钟处于高潮,生理功能处在最佳状态;二是下午空气质量最好;三是下午运动最有利于晚上睡眠。有些老人习惯于早上锻炼,那也最好在上午9时以后。

(6)了解自身状况

我们自己的身体状况,对于我们选择锻炼方式和运动量,以及我们观察锻炼效果都是很重要的。我们最好能去做一次较全面的体格检查,了解自己的血压、血脂、血糖、心脏功能、颈椎、脑供血、关节肌肉等情况。

(7)运动前热身及喝水

运动前舒展舒展你的身体,活络活络你的筋骨,促进肌肉及全身血液循环,有利于身体的健康。运动医学专家提醒我们,运动前半小时喝些水以备冲抵体内水的消耗。

(8)雾天锻炼易伤身

雾天会加剧大气污染,大雾时气压高、空气湿度大,不利于我们皮肤的散热和肺泡的气体交换,使人产生闷热,甚至胸闷憋气等供氧不足的症状。所以,雾天时最好不要到户外锻炼。

(9)把握运动量

运动是否适量,标准主要看我们的心率,一般应该是我们最大心率的60%~85%。但由于每个人的实际情况千差万别,与安静心率相比,会相差15%~30%，甚至更多，所以选择最佳运动量应根据自己的年龄、性别、职业特点、体力状况、健康水平、体育基础、生活环境、目的任务等不同情况来决定。

检验运动量是否合适还可以看运动后人体的相对反应。比如，可以参照运动状态下人的汗流量和轻松度，还可以留意自己的食欲、睡眠以及次日是否还有参加运动的欲望。

相对而言，老年人在有氧运动的前提下可多进行手部的单项锻炼，增强人体的协调能力。小孩则要多做一些机械运动，如摆放积木等，看似简单，其实能大大促进孩子的大脑发育及手眼协调能力。

关键要把握好运动强度，除了心率保持在适当范围，还要有强烈的时间概念，一般而言，有氧状态下每次的运动时间以30~60分钟为宜，一旦过量，不仅无益，反倒可能损害身体机能。

睡眠是一种重要的生理需要

人的一生有三分之一的时间是在睡眠中度过的。好的睡眠对恢复体力、保证健康十分重要。科学证明：睡眠还是提高身体免疫力的一个重要因素。

日出而作，日落而息，这是人类长期以来适应环境的结果。可是现在许多人由于各种原因养成了熬夜习惯，长期如此，对我们的健康产生了不利的影响。所以我们要尽量避免熬夜，养成良好的睡眠意识，做到正常作息。

1. 了解不良睡眠的表现

睡眠与我们的生活息息相关，它既能使人精神焕发，但有时也会像杀手一般，让人醒后感到身体不适。我们许多人有不良的睡眠习惯，具体来说有哪些呢？

（1）强迫熬夜

我们很多人晚上一回家，困倦感就变成了亢奋，开始上网，或者看小说、看电影、看连续剧，再或者和朋友吃饭唱歌，一玩就到了凌晨。然后天亮了我们还要按时起床上班，这样一般都是带着布满血丝的眼睛、哈欠连天地走进办公室，然后不断喝咖啡、浓茶或者抽烟提神。

（2）饭后立即睡觉

吃完饭后，大量食物在胃里，为了更好地消化吸收，我们人体就会增加肠胃的血流量。而身体里的血量却是相对固定的，所以大脑的血容量就会减少，血压也随之下降，如在这时睡觉，很容易因脑供血不足而发生意外。所以吃完饭后应先活动活动再睡觉，以免发生意外。

（3）强迫入睡

每个人有每个人的生物钟，我们很多人迷信如果睡不到8小时，就会影响身体健康，而强迫自己躺下入睡。殊不知躺得越久，睡得越差。

（4）睡前做计划

我们有时喜欢在睡前想事情，兼做明天的"行动计划"。在床上想得出神，自然就难成眠。

（5）过分担心

一旦有失眠经历，往往就不相信自己睡得好，一到天黑，就开始担心害怕。其实睡眠是正常生理要求，该睡就要睡，越担心只会越睡不着。

（6）坐着睡觉

坐着睡觉会使我们的心率减慢，血管扩张，流到各脏器的血液减少。再加上胃部消化需要血液供应，从而加重了脑缺氧，导致头晕。尤其是老年人，心肌功能较差，就更应该注意别坐着睡觉。

（7）醒后马上起床

刚刚睡醒我们觉得心跳比较慢，全身的供血量也比较少，心脑血管也会相对收缩。如果我们马上起床，使得心脑血管迅速扩张，大脑兴奋性也加强，这样很容易出现不适。所以，醒后应在床上养神三五分钟再起床。老人及有心脑血管疾病的人更应注意这点。

2. 认识不良睡眠的危害

不良的睡眠会严重损害我们的身体健康，因为，人体肾上腺皮质激素和生长激素都是在夜间睡眠时才分泌的。而不良的睡眠，会大大影响我们身体的正常运转。具体来说，不良的睡眠对我们有哪些危害呢？

（1）不良性格

我们患有晚睡强迫症的人性格中容易有拖延的一面，不自觉地在工作、学习中形成拖拖拉拉的风气，不到最后一刻不完成任务，面对压力形成拖的解决办法。此外，我们还有过于执着、敏感的心理，还会导致失眠、健忘、易怒、焦虑不安等神经症状，如果这些长期存在就会构成亚健康的人格特征。

（2）免疫力下降

我们经常熬夜造成的后遗症，最严重的就是疲劳、精神不振；人体的免疫力也会跟着下降，感冒、肠胃感染、过敏等自律神经失调症状都会出现。

（3）头痛

熬夜的隔天，上班或上课时经常会头痛脑涨、注意力无法集中，甚至会出现头痛的现象，长期熬夜、失眠对我们的记忆力也有无形的损伤。

（4）熊猫眼

夜晚是人体生理休息时间，该休息而没有休息，就会因为过度疲劳，造成眼睛周围的血液循环不良，引起黑眼圈、眼袋或是白眼球布满血丝。

（5）皮肤老化

晚上11时到第二天凌晨3时是我们的美容时间，也是人体的经脉运行到胆肝的时段。这两个器官如果没有获得充分的休息，就会表现在皮肤上，容易出现皮肤粗糙、脸色偏黄、长黑斑和青春痘等问题。

（6）影响生育力

正值育龄的男女，若经常熬夜，会影响男性精虫的活动力与数量，也会影响女性荷尔蒙的分泌及卵子的品质，也容易影响月经周期。

（7）慢性病

熬夜族的肾上腺素等激素分泌量也比一般人高，使新陈代谢的压力增加，进而产生慢性疾病，如高血压、糖尿病等。

（8）视力下降

熬夜对于视力危害最大，建议每熬夜1小时，做一次眼保健操，否则后果严重，一定要注意。

3. 养成良好的睡眠习惯

既然不良睡眠对身心有如此多的不良影响，那我们一定要认真克服，养成良好睡眠的习惯。平时该如何才能养成良好的睡眠习惯呢？

（1）准时作息

如果你想有健康的睡眠习惯，准时作息这是最重要的。我们身体会因为规律的生活而倍感舒适，并且，一个保持不变的睡眠习惯对于生物钟的增强再好不过了。每天在同一个时间醒来或睡去就有利于保持一个不变的睡眠节奏，同时提醒大脑在特定的时间释放睡眠或清醒荷尔蒙。

（2）学会小憩

如果小憩是绝对必需的，那么你就要确定一天只能一次并且要在每天

16时之前。通常，短时间的休息不会影响工作，实际上，午饭后或半小时或20分钟的午休，只要在下午4时之前，于大多数人还是有益的。

（3）充分准备

晚上11点过后，就别坐在电脑屏幕前了，关掉所有的电器。这些东西对大脑的刺激很大，能让你很长的一段时间里保持清醒。

在你入睡前一个小时，先把电灯亮度调暗，洗个热水澡，听一些令人安静的音乐，做一些恢复性的瑜伽或放松的动作。让你的身体与心理都准备入睡是很有必要的。把一切阻止你睡眠的、让你分心的东西统统拿走。

（4）关闭光源

发着红光的闹钟显示、你手机或个人数字助理设备的充电器上的红色指示灯、电脑显示屏、无绳电话的指示灯，都要关闭。要知道，即便是最微弱的一点亮光，也会影响松果体分泌睡眠激素并因此影响你的睡眠节奏。

隐藏或移去闹钟，遮盖所有电子设备的亮光，如果窗户对着亮光，就使用暗色或不透光的布帘。如果以上这些做不到，那就戴个眼罩吧！如果你在半夜醒来，去卫生间的时候也尽量保持灯是熄灭的。

（5）拒绝安眠药

安眠药掩盖了我们睡眠的问题，但事实上并没有解决失眠的深层次问题。无论是处方的还是非处方的，从长期来看都是有害的。它们都有很强的易上瘾性，并且有潜在的危险。

短期使用安眠药，也许有一定效果，但是一段时间后，它们只会让失眠的状况更糟，而不是更好。如果你已经服用安眠药一段时间，那么就请求医生帮你制定一套养生的方法，脱离对它们的依赖。

（6）学会放松

抛开身体的因素，压力应该是致使我们睡眠紊乱的头号杀手。暂时性的压力就会导致慢性的失眠和睡眠节奏的紊乱。

现在让我们做些呼吸练习吧！恢复性的瑜伽或冥想一些恬静的事情都是有帮助的。这些都有助于你的大脑宁静，减轻惊恐与担忧带来的压力。

（7）拒绝酒精

酒精对于我们最初的入睡是有些许帮助的，但是随着身体的分解，它往往会在后半夜损害睡眠质量，使睡眠的整体时间减少。经常性地在睡前喝酒会削弱它促进入睡的功效；相反，破坏性的效用却会保持甚至增加。

总之，正常作息是一个好习惯，是需要长期坚持才能形成的，现在让我们一起安排好自己的作息，做快乐健康的自己吧！

得体的穿着是无言的介绍信

服装不仅是布料、花色和缝线的组合，更是一种社交工具，它能向社会中其他的成员传达出信息，像是在向他人宣布我是什么个性的人，我是不是有能力，我是不是重视工作，我是否合群，等等。

总之，得体的穿着是无言的介绍信，是一种信号、一种语言，它和你的人际关系息息相关。特别是从事公关、营业员、会计、秘书等直接与人接触的职业的人，更要注意自己的穿着。

1. 认识穿着的心理作用

我们每个人都有自己的衣着习惯和风格，有人甚至认为穿什么风格的衣服，就能有助于变成什么类型的人。这绝不是以衣取人，从心理学的角度看，服装对于人来说不仅会给别人留下印象，同时也会对自己产生一定的心理暗示作用。

整齐清洁的服装是无言的介绍信，这是英格兰的一则古老谚语。在这里并没有说服装要特别注重华丽，但至少在与他人会面或其他社交场合时，不要给别人一种邋遢的感觉，这是最基本的。

如果与自己会面的客人是重要的，这时必须穿着适宜的，或是正式一点的服装。一个人的仪容修饰、服装穿着，对于其外观仪容及别人对其的印象有着极大的影响。

穿着整齐干净的服装，站在他人面前，不会感到自卑，可以自由自在地进行交谈；反之，则很难实现自己的社交目的。尤其是在以大众为演讲对象的场合，更要留心自己的服装穿着。

我们都有经验，当自己容光焕发时，别人对我们的态度就比较好；如果对自己的仪容未加注意，所受到的待遇一定比较差。如何利用穿着来表达自己独一无二的风格，如何用服饰来扬长避短，这是每一个现代人应该具备的知识。

但是，如何做到穿着得体，还真是一门大学问。像时间、地点、场合、身份地位、从事职业这些不同因素，都是必须考虑在内的因素。

一个懂得穿着艺术的人，会根据不同的场合，换上适合自己身份的服装，使之与整个环境气氛相协调，并表现出自己独特的魅力。但如果不论何时何地，都穿着正式的服装，反而会使人觉得毫无变化且呆板。

有些时候，衣服会成为认识我们个性的唯一有形线索，比如在我们不说话，也没有动作的时候，或是在被人批评的时候，我们身上的衣服仍在发表着意见。

不管公平与否，我们给别人的第一印象必须是主观而情绪化的，是直接从我们的外在形象获知的，而对我们的内在品质的理性欣赏要以后慢慢地培养。所以,"对一个人的评价,90%以上是来自他的态度、表情和服装"。每个人都应用这句话来提醒自己。

2. 穿出效果的重要方法

你的服装是怎样的呢?是不是适当得体?是不是成为你成功途中的一个障碍物?如果你是女性,是否衬托出你的秀美容貌、华贵端庄?如果你是男士,是否更显示出你的英俊潇洒、风流倜傥?我们该如何实现自己想要的着装效果呢?

(1)注意色调

一般来说,红色热烈,绿色清新,橙色兴奋,黄色光明,黑色沉静,白色纯洁,紫色神秘,蓝色庄重。以红色为底色的引起人们兴奋、热烈情绪的色彩称为"积极的色彩";以蓝色为底色的给人以沉着、平静感觉的色彩称为"消极的色彩"。

如果单就色彩本身而言,同类色相配或近似色相配使人看着顺眼、舒适、平和;而大胆、创新的搭配则是强烈色相配或对比色相配,使人看上去醒目、活泼、与众不同。不同的色彩搭配所产生的效果也会截然不同。因此,你必须根据不同的场合需要,来选择适当的色彩搭配方式。

(2)注意款式

一个懂得穿着艺术的人,在选择服装时,对款式的要求也是很讲究的,款式既要适合自己的体形,又要与自己所追求的风格统一。要想使衣着体现沉稳、高雅的风度,那么款式一定要简洁大方,线条流畅,再配以高级的质料,定能达到满意的效果。

(3)适合角色

俗话说:"穿衣戴帽,各人所好。"这话在日常生活里没错。但当以某个特定身份参加社交活动、与人交往时,你就不能单单考虑个人所好了,而应考虑自己所扮角色的需要，尽量做到衣着与角色相协调、相适应。否则，当别人对你产生误会、带来不必要的烦恼时，你就会后悔莫及了。

（4）适合环境

特定环境对衣着有特定的要求，这时，衣着服饰就应服从交际环境，甚至不惜牺牲个性风格，进行独具匠心的选择。正确的衣着将使我们更加美丽多姿，而错误的衣着，不仅有可能更加突出我们的缺点，还会造成不必要的麻烦和难解的尴尬。所以，着装一定要适应自己的社会角色需要，也一定要服从特定交际环境和场合的特殊性需要。

（5）彰显个性

在符合角色的要求下，可以适当提倡衣着的个性化。除了警察、军人等统一着装的职业外，其他人在衣着上有广泛的选择余地，可以根据自己的爱好、气质修养、审美情趣进行选择，以展现自己与众不同的风采。

懂得正确的消费心理学

消费心理学是心理学的一个重要分支，它的目的是研究人们在生活消费过程中以及在日常购买行为中的心理活动规律及个性心理特征。消费心理学是消费经济学的组成部分。

许多人都可能有这样的感受，我们在不知不觉中已经花光了许多钱，但是事后我们才发现有很大一部分是没有必要的，这就是缺乏正确的消费观念的表现。

1. 了解常见的消费心理

随着收入水平和生活质量的不断提高，越来越多的人加入疯狂购物的行列。一般人有哪些常见的消费心理呢？

（1）从俗心理

即入乡随俗，消费行为上的趋同心理。

（2）同步心理

即我们通常所说的攀比心理，相同的社会阶层，在消费行为上有相互学习的倾向。

（3）求美心理

指人们在消费活动中追求美好事物的心理倾向。

（4）求名心理

指某些消费者希望借助名牌商品提高自己的社会地位的心理倾向。

（5）求异心理

与从俗心理相反的一种心理，追求一种与社会流行不同的消费倾向。

（6）好奇心理

指某些消费者对市场上不常见的产品的追求。

（7）偏好心理

指某些消费者对某些特殊消费活动的执着追求。

（8）便利心理

指消费者主要从功能便利的角度选择商品的心理现象。

（9）选价心理

指顾客在选择商品时，对价格的特殊关注。这些心理类型并不属于不同的人，而是不同程度地存在于每个消费者的心中。当一种产品满足了顾客某一类心理需求时，就会诱发他的购买动机。

（10）孤独心理

每逢佳节倍思亲，特别对于在外打拼的孤独人群来说，过年往往会让他们的孤单感倍增，这个时候，购物能够让他们产生满足感，减缓孤独感。因为购物就是一种享受，既有人头攒动的热闹氛围，又有营业员的热情服务，上帝之感油然而生，孤独感自然不驱自散。

（11）发泄心理

这类情况往往以在事业或者家庭生活中不如意的女性人群中居多。通过购物来发泄心中的不满，严格地讲是一种报复行为。

（12）从众心理

节假日逛商场已经成为很多人在假期的重要活动内容，尤其过年期间往往是各大商场打折促销活动必争的时间段。这样的情况下，我们往往会受从众心理的影响而盲目购物。

同时，长期节假日购物习惯已经造成了一种情绪渲染。在身处争抢打折商品情况下，往往会受到情绪传染。由于情绪传染是种集体行为，个体很难控制自己的情绪不受群体影响，从而导致不理性消费的产生。

（13）"购物癖"心理

"购物癖"是一种精神疾病，当不购物时，人会感到很没劲儿，高兴不起来，总有一种说不清楚的不满足感。当"购物癖"发作时，人还会变得焦躁不安、不知所措。但是，一旦步入商场，或走进能够进行购买活动的地方，这些人就会变得兴奋起来，对周围一件件的商品显示出很大热情，甚至会不顾及自己的经济承受能力，买下新发现的"猎物"。

2. 拥有正确的消费观

在科学地认识我们自己消费心理的同时，要有意识地避免盲目的错误消费，建立正确的消费心理。具体来说，我们应该树立什么样的消费观呢？

（1）适度消费

消费支出应该与自己的收入相适应，自己的收入既包括当前的收入水平，也包括对未来收入的预期，也就是要考虑收入能力这个动态因素。因为，信贷消费与人们对未来收入的预期有直接的关系。另外，在自己经济承受能力之内，应该提倡积极、合理的消费而不能抑制消费，否则，一方面，会影响个人生活质量；另一方面，也会影响社会生产的发展。

（2）理性消费

首先，注意避免盲目从众。盲目从众是消费中常见的一种消费心理现象，也是对普通消费者影响最大的一种消费心理现象。因为，人们的消费行为始终受到消费心理的影响，例如从众心理、攀比心理等，并且这些心理往往相互联系，共同影响人们的消费。因此，在消费中我们要尽量避免一些不健康的消费心理的影响，坚持从个人实际需要出发，理性消费。

其次，要尽量避免情绪化消费。它是个人消费受到情绪的影响，而做出不理智的消费选择的现象。往往是心血来潮、一时头脑不冷静，事后发现这种消费并不适合自己的需要。因此，在消费时，要注意保持冷静。

最后，要避免重物质消费，忽视精神消费的倾向。因为，随着生活水平的提高，人们的消费结构是不断变化与改善的，我们的选择也要有利于人的全面发展。

（3）绿色消费

绿色消费就是指以保护消费者健康和节约资源为主旨，符合人的健康和环境保护标准的各种消费行为的总称，核心是可持续性消费。因为，随着经济的发展，环境污染和资源严重短缺越发严重，我们国家提出了"可持续发展"和"科学发展观"，大家也应该从自身出发，保持人与自然的和谐发展。绿色消费，即节约资源，减少污染；绿色生活，环保选购；重复使用，多次利用；分类回收，循环再生；保护自然，万物共存。希望大家能真正把所学的理论运用到实践中，做个绿色消费者。

（4）勤俭节约

勤俭节约是我国的传统美德，是一种民族精神，而不是一种具体的消费行为，作为精神，它是永远不过时的。

从个人思想品德的修养角度讲，勤俭节约有利于个人优秀品德的形成和情操的陶冶，是有志者应该具备的精神状态。当然，不能把勤俭节约与合理消费对立起来，勤俭节约不是抑制消费而是说不要浪费。

总之，以上四个原则，是科学消费观的具体要求，我们要理解和掌握这些原则，并用它们指导自己的消费行为，既有益于个人，也有益于社会，将促进个人的健康发展和社会的可持续发展。

要保持一颗年轻的心

阿基米德说："给我一个支点，我能撬起整个地球！"其实生活也是一样，你快乐不快乐，就在于你找没找到生活的支点！就现实来看，有些年龄稍大的人看着自己的后代出生、长大，心里就感觉自己老了。其实，只要我们内心不老，善于保持一种年轻的心态，就能永葆青春活力。

1. 了解年轻心态的重要性

在祝福别人的时候，我们常常会说：青春永驻，永远年轻。然而，从年轻到衰老，是无法抗拒的自然规律。所以归根结底，我们希望的只能是延缓衰老，让自己多拥有一些年轻时光。

然而当我们追寻各种养生秘方，如保健品、保健器械、化妆品、医疗美容时，却忽略了保持青春的另一个重要方面：保持一颗年轻的心。我们年轻与否，一方面取决于自己的生理年龄和外表，而更重要的一方面是自己的心理年龄，即是否拥有年轻的心态。

心理年龄远大于实际年龄的人，会显得城府过深，很难与同年龄的人有相互的理解和共同的语言。心理年龄远低于实际年龄的人，则会显得过于天真，不利于个人的社会化生存与成长。保持年轻的心态并不意味着我们要放弃做一个成年人，回归到孩童的幼稚状态，而是要求我们对待现实的心态更自在一些、轻松一些。

年轻是一种心态，并非由我们的年龄和容貌来决定。我们有的人年过半百，仍有着年轻的心理和年轻的体魄，敢与朝花相媲美；有的人正值韶华，却一身疲惫，未老先衰，恰似秋风吹落的败叶。

岁月可以催生我们的根根白发，却不能毁灭我们头脑中的创造潜力；时间可以刻出我们满脸的皱纹，却无法为心灵刻上一丝痕迹。

对于注重健康、热爱生命永远向前看的人来说，年龄只是一个数字。你若认为自己衰老，果然就老气横秋；你若认为自己年轻，果然就生机勃勃。

岁月只能在人的皮肤上留下皱纹，失去对生活的热情才能使人的心灵起皱。我们的一生必然从青年走向老年，只要珍惜和把握，无论在哪一个年龄阶段，都可以创造人生美景。

年轻的心态，可以让我们的潜能成倍地施展，使我们意气风发全面制胜，从晦暗中看到光明，从失望中看到希望，创造神话般的奇迹，铸造一个美好的未来。

谁能说年轻如流星，转瞬即逝，我们可以营造无数个人间春天。谁又能说花一般的笑影早已跌进时光的河流，年轻的心态，让头顶多一方明净的蓝天，让脚下多一行坚实的足迹。纷纭历史中，没有比年轻的心态更惬意、更逍遥的了；浩瀚人群里，没有比年轻的心态更快乐、更重要的了。

2. 保持年轻心态的方法

如何能延缓衰老，保持年轻的心态是一副妙方。那么我们平时该如何保持一颗年轻的心呢？

（1）积极心态

积极的精神状态，主要表现为进取心、希望、理想等，对我们防止心理衰老、保持心理健康具有重大意义。只有我们有了进取心、理想，并充满希望和奋发向上，才能老而不衰，充满活力。

无论我们处于何种状态下，最好正视现实，向往未来，少回顾过去，并可以多看一些喜剧性的节目，多参加一些愉快的聚会，保持沉静乐观，愉快知足，莫说人非，避免老气横秋。

（2）向人倾诉

当我们心情不悦的时候，不妨借访亲探友散散心。有人说，朋友是最好的药。找同事、老乡、老战友互相谈谈心，说说心里话，诚挚的友情可以治疗精神上的创伤，消除寂寞和惆怅，冲淡和消除不良情绪。

（3）忘年交

所谓忘年交，就是忘记年龄、职业、辈分、性别的一种平等的社交活动。我们要多和青年人结为推心置腹、无话不谈的挚友，并保持不断的往来。青年人接受新鲜事物快、朝气蓬勃、奋发向上、进取心强的特点，是老年人所缺少的。青年人身上的那种活力，对我们起着潜移默化的作用，可以让我们达到忘老的境界，甚至出现"重返青春"的感觉。

（4）回忆童年

我们不妨经常回忆童年时代捉迷藏、拍蝴蝶、放风筝等活动，随着父母外出踏青，在外婆家撒娇讨吃，或学唱一段戏曲。这样脑子里经常想到昨天我还是个活泼小孩，现在还不算老嘛，从精神上保持青春。

（5）拜访故人

青少年时代是我们的黄金时代，如果童年时代的同学、朋友离自己不远，不妨经常上门拜访聊一些当年在小学、中学的学习和生活，回想一些相处中有趣的事。

如果身体条件许可，我们还不妨回到童年时代居住过的旧居，或去少年时代读过书的母校，故地重游，可以触景生情，童心又可再度萌发，仿佛自己又回到童年，回到学生时代。

（6）培养兴趣

有益的兴趣和爱好，会使我们晚年生活显得光明和美好，使我们变得积极和开朗。像郑板桥拿起画笔、陈景润钻研数学、福楼拜写小说那样，彼时彼刻，一切无聊和空虚、一切心理压力都与他们无缘了。

（7）参加娱乐

娱乐既可以让我们胸怀舒畅，乐而忘忧，又可作为疾病康复治疗的一种手段。如果心情不愉快，不妨去看看电影、听听音乐或戏曲，这些活动可减轻你的痛苦，甚至使自己的痛苦转而同情艺术角色中的不幸遭遇。

（8）外出旅游

我国山河秀丽，名胜古迹遍布各地，在条件允许的情况下，我们走出家庭小天地，来到大千世界，心胸可为之一振，那巍峨的高山、莽莽的草原、滔滔的江河、辽阔的平原、浩瀚的沙漠、宝石般的湖泊和星罗棋布的岛屿，我们如能涉足其中，定会心旷神怡。

（9）学会微笑

生活就像一面镜子，你对它笑它也对你笑，你对它哭它也对你哭。如果你的笑容少了，那么停下来问问自己，是否对某些发生的事情看得过重了。我们都有这样的经验，过一段时间再去回忆曾经发生的不愉快往事，似乎没有多少是值得我们铭记不忘的。所以，对过去和现在，有一笑了之的心态很重要。

不要在心理上垒起恐老的城墙

曾经有一个哲人说过"忘老则老不到，好乐则乐常来"。这句话说得很有道理，现在科学研究表明，人的心理机能对人体的各个器官有着极其微妙的作用。

调查发现，随着年龄的递增，到中年时，有很多人都会出现"恐老"的心理。例如，有不少人才四十出头，刚刚步入中年，就陡然觉得自己"老了"，青年时代的一些兴趣和爱好逐渐淡漠，社交活动明显减少，进取精神大大减弱，这势必会严重影响我们的身心健康。

那么，如何才能克服恐老心理呢？

1. 认识恐老症的危害

恐老症是心理老化的表现。有的人不想做艰苦的拼搏和探索，没有进取精神；有的人则把业余时间全消耗在搓麻将、打扑克或看电视、玩电子游戏上；还有的人过早地把一切"希望"都寄托给下一代，对自己完全丧失了信心。

这些人的一个共同心态就是觉得自己老了，没指望了，把自己列入老年人队伍，使本应辉煌壮丽的中年变得暗淡无光，精神世界变得空虚与恐惧，进而加速了生理上的衰老，这是恐老症带来的不良后果。

女性的恐老感更加严重，女性在结束了抚育幼年子女的一段艰辛岁月之后，悄悄步入中年圈，潜藏在她们内心深处的希望和美感要求刚刚得以萌发。

可是，当她们一旦照镜子，却发现自己的青春、鲜润、光泽都已悄然逝去，目视着已爬上额头、眼角的细微皱纹和潜滋暗长的三五根白发，便不由得感叹：老矣！

这种心理老化现象虽不像脸上的皱纹、头上的白发，能看得见、摸得着，但她们在心理上却已筑起一道城墙，宁可把自己列入老年人的行列，也不愿与青年人为伍了。我们要知道，人总是要老的，这是一条不可改变的规律。

专家认为，用生物学的眼光看，人的年龄大小不能仅仅以度过多少个生日来计算。生物时间与钟表时间是不相同的。岁月越增，生物时间过得越慢，一个人年龄越大，老得就越慢。

一般来说，我们在45岁至50岁之间的变化，远不如15岁至20岁或者25岁至30岁变化大。

50岁的人，视力、听力开始下降，但是心智还正年轻，且正在继续发展。人类的脑力活动到60岁达到顶峰，此后才缓慢衰退，直至80岁。

例如冰心，90多岁仍笔耕不辍。可见，中年人自称老了是没有道理的，也是十分有害的。得了这种恐老症，无疑是自我折磨，磨损意志，磨蚀肌体，也磨掉自强自信。

总之，我们要克服恐老心理，就要注意学习新的东西，千万不可安于现状。在当前充满生气、竞争激烈的时代，每一个心理健康的人都应关心周围事物。

只要人到中年后继续努力学习，拼搏向前，始终保持内心的明朗与活跃，青春就会像松柏常青那样，四季常驻。

反之，如果人到中年，怕老、恐老，抱着自己"老了，不会有什么大作为了"的想法，每天无所事事，无精打采，这反而会加速衰老的进程。

2. 消除恐老的方法

恐老怕老的心理是许多人的一种心态，这会大大影响我们的身心健康。那么平时该如何消除恐老心理呢？

（1）社会支持

社会、家庭要重视老年人的生活，关心老年人的健康，不仅让每个人老有所养，更要老有所乐。关心老人的心理健康，及时帮助老年人走出惧老心理则是精神赡养不可忽视的问题。所谓老有所乐，就是在制造、提供良好的物质生存条件的同时向老年人提供、创造积极的精神生存环境。

（2）积极心态

积极心态要求我们及时调整心态，树立积极的生存意识，辩证地看待衰老，变衰老为紧迫感，促进对生命的珍惜和人生意义的追求。

（3）科学心态

要能够正确对待人生，科学看待生命。通过对人生和自我价值的合理认定提高对生命意义的领悟。由此，结合自身条件继续服务社会以激发生活热情、体验生活情趣，消除身心衰老对自我的不良暗示。

（4）及时就医

如果觉得自己的身体不舒服，可让亲属或朋友陪同你去医院就诊，或找专业人士咨询，不要过分地关注自己生理上的细微变化，更不能片面地强调他人对自己的态度。

（5）融入社会

要通过情绪转移加强人际交往，以消除与社会的疏远，避免自我孤立。独乐不如与众同乐，如能加入多数人的活动中去，加强人际交往，缩短与他人的距离，避免自我孤立，就可以克服或远离这些不健康的心理。否则，这些不良的情绪就会使你的身体每况愈下。

（6）发挥余热

如果想继续服务于社会，老年人可根据自己的实际情况寻找适合自己的岗位，相信自己的能力，相信自己存在的价值。

培养良好的做事心态

事物永远是阴阳同存，良好的心态看到的永远是事物好的一面，而消极的心态只看到不好的一面。良好的心态能把坏的事情变好，消极的心态往往会把好的事情变坏。

可以说，在我们的一生中，能够立足社会的事不外乎两件：一件是做人，一件是做事。的确，做人之难，难于从浮躁的情绪和膨胀的欲望中稳定心态；成事之难，难于从纷乱的矛盾和利益的交织中理出头绪。

而最能促进自己、发展自己和成就自己的人生之道便是：低调做人，高调做事。

1. 学会做事的方法

学会做事跟学会说话一样，都是要学乃至要学会，不同的一个是说一个是做，一个是动口一个是动手。

也有人说，做事除了婴儿不会，少年在学，成年人哪个不会？只不过敲锣卖糖各做一行，性格相异做事的原则及方法也就跟着相异罢了。

其实不然，学会做事跟学会说话学问大得多且也复杂得多，会说不一定会做，而会做大都会说。无论小事与大事，关键在于如何做事。这个如何体现了一个人品性的优劣、心态的好坏、学识的浅薄和智慧的高低。

（1）要有从小事做起的精神

古人告诉我们，要成就"扫天下"的大事，就得从"扫一屋"的小事做起。人要有善于做小事的精神，不要轻视、忽视小事。小事是大事的基础，大事是小事的累积。

轻视一棵树，就不能形成茂密的森林；忽视一滴水，就不会有浩瀚的海洋；藐视一砖一瓦，就盖不好高楼大厦。小处见精神，一个人良好的素养往往体现在小节上。

我们要做成大事，必须要"起于垒土""始于足下"。我们知道，集腋可成裘，聚沙可成塔，纳川可成海，积善可成德。从点滴做起，一步一个脚印，我们才能做成大事，走向成功。

（2）要具有区分善恶的能力

只要是恶，即使是小恶也不做；只要是善，即使是小善也要做。

不要因为好事影响小就不去做，也不要因为坏事影响小就去做。我们要知道，下雨时，给没伞的同学撑上一把伞；排队买东西上车，人走关灯；与人打交道时，送上善语和微笑；在公交车上让个座；拾起一颗螺丝钉；见到师长问个好……这些都是"善小"，只要你为之，就会心情舒畅，精神愉悦，得到别人的赞赏与尊重，显示自我的素质与高雅。

我们也要知道，让公共财物和设施失去原有的美丽，把花草树木弄伤，在墙壁上"舞文弄墨"，用语不文明等，这些都是"恶小"，如果为之，你就会失去自己的人格和尊严。

坏事虽小，但它能腐蚀一个人的灵魂，日积月累，就会酿成大祸而自毁前程。俗话说"从小偷针，长大偷金"，就说明了这个道理。学会做事，我们既要有包涵天地的胸襟，又要有留心微小事物的意识和行动。

2. 把握正确的做事心态

在日常工作中，有些人进取精神不强，缺乏克服困难的勇气，自我要求不高，安于现状，不思进取，工作中不走在人前，也不落于人后，随大溜；有干好工作的热情，但自身综合能力缺乏，办法少、点子少、找不准切入点，往往事倍功半，甚至好心办坏事。

有些人说起来头头是道，这也行，那也行；但工作起来这也不行，那也不行，结果一事无成。如何学会正确做事，那么如何正确把握自己的做事心态呢？

（1）积极的心态

事物永远是阴阳同存，积极的心态看到的永远是事物好的一面，而消极的心态只看到不好的一面，积极的心态能把坏的事情变好，消极的心态会把好的事情变坏。

当今时代我们也在进行悟性的赛跑，积极心态像太阳，照到哪里哪里亮；消极心态像月亮，初一十五不一样。不是没有阳光，是因为你总低着头；不是没有绿洲，是因为你心中一片沙漠。成功吸引成功，平庸吸引平庸。

（2）学习的心态

学习是给自己补充能量，先有输入，才能输出。成功是学习的过程。尤其在知识经济时代，知识更新的周期越来越短，过时知识等于废料，只有不断学习，才能不断摄取能量，适应社会发展，生存下来。

我们要善于思考，善于分析，善于整合，只有这样才能创新。学习是积累财富的过程，当今学习就是创收，学习就是创业。有人说：学习是留意你身边的事，读万卷书不如行万里路，行万里路不如阅人无数，阅人无数不如名师指路。

（3）付出的心态

这是一种因果关系。舍就是付出，舍得同时也是得，小舍小得，大舍大得，不舍不得。做任何事情不要认为是别人做，都和自己有关，有句话，人人为我，我为人人，这是天意，不愿意付出的人，总想省钱、省事和省力，最后连成功也省了，落得个一无所有。

（4）坚持的心态

我们要坚持提升自己。坚持心态是逆境中表现出来的心态，而不是顺境中的坚持。遇到瓶颈时还要坚持，直到冲过瓶颈，达到高峰。要坚持到底，不能输给自己。成功总是耐心等待那些坚持到底的人。

（5）合作的心态

合作是一种境界，我们如果学会合作，就可以包打天下。成功不是打工，是合作，成功就是把积极的人组织在一起做事情。

（6）谦虚的心态

虚心使人进步，骄傲使人落后。谦虚是人类最大的成就，谦虚让你得到尊重，正如越饱满的谷穗越弯腰。

（7）感恩的心态

感恩周围的一切，包括坎坷、困难和我们的敌人。事物不会孤立存在，没有周围的一切就没有你的存在。

（8）归零的心态

第一次成功相对比较容易，但第二次却不容易，原因是不能归零。往往一个企业的失败是因为它曾经的成功。

用中国的古话叫风水轮流转，不归零就不能进行新的资产重组，就不能持续性发展。追求更高的人生境界，是每个人终生奋斗的目标。

摒弃虚无的完美主义心理

所谓完美主义，实际上是虚幻的另一个代名词。世界上本来就没有完美的东西，就连科学赖以发展的公理，也总是有着某某假设、某某前提。你越是争取绝对完美，就越会陷入失望。

所以我们不要总是以挑剔的眼光来看待世界，看待他人，如果这样，往往会弄得自己身心俱疲，也会让别人十分厌烦。因此，我们要摒弃可望而不可即的完美主义心理。

1. 了解完美主义的表现

完美主义者不管对人还是对事，都高标准、严要求，力争尽善尽美，即便做得非常出色，仍然不能满意。完美主义者有哪些主要特点呢？

（1）对自己苛刻

完美主义者往往要求自己是英雄，在工作上，要求自己"更多、更快、更好"。结果，只能被累得精疲力竭。

（2）对他人挑剔

如果完美主义者是一个老板的话，绝对是一个难伺候的老板。他们在挑剔自己的同时，也会让周围的下属感到一种压力，因为他们对下属的要求必定也十分严格。

（3）自惭形秽

由于性格内向和高标准要求，一件做得很出色的事情，也不能令我们满意，且常归咎于自己，因而常常自惭形秽。我们虽然聪明，有历练，但是一旦被提拔，反而毫无自信，觉得自己不能胜任。此外，我们没有往上爬的雄心，总觉得自己的职位已经太高，或许低一两级可能还比较适合。

（4）顽固片面

完美主义者相信，一切事物都应该像有标准答案的考试一样，客观地评定优劣。我们总是觉得自己在捍卫信念，坚持原则。但是，这些原则，别人可能完全不以为意。结果，我们总是孤军奋战，常打败仗。

（5）喜欢受人关注

完美主义者为了某种理想，奋斗不懈。在稳定的社会或企业中，我们总是很快表明立场，觉得妥协就是屈辱，如果没有人注意我们，我们会变本加厉，直至有人注意为止。

（6）过度自信

不切实际，在找工作时，不是龙头企业则免谈。进入大企业工作后，完美主义者大多自告奋勇，要求负责超过自己能力的工作。结果任务未达成，仍不会停止挥棒，反而想用更高的功绩来弥补之前的承诺，结果成了常败将军。

（7）吹毛求疵

完美主义者更容易注意到一些细节问题，并力求改进。喜欢寻根问底，不会只满足于看到事物的表象，能发现别人发现不了的问题，并能找到根本的解决办法。总之，完美主义者总是希望事情都按所设想的走下去，达到自己的目的，并因此常常感到焦虑、紧张和不满。

2. 认识完美主义的危害

完美主义心理，对我们的生活有很多不良的影响，也会给自己身边的人带来危害。具体来说，完美主义有哪些危害呢？

（1）影响心理状态

完美往往是可望而不可即的，我们的目标越高压力越大，而完美的目标往往不能达到，这时就会有一种挫败感，压力和挫败感导致自我否定等消极思想，这样就削弱了一个人自信乐观的精神。

完美主义者具有强迫型人格，总是强迫自己达到完美的目标，这点有些像洁癖，洁癖就是一种对卫生过分要求完美的自我强迫性行为，完美主义者的自我强迫范围更广。

（2）影响思维方式

完美主义者总是喜欢说："我要么不做，要做就做最好。"完美主义者看问题往往只有完美或不完美、成功或失败两个点，这是一种容易走极端的思维方式。完美主义者一味追求完美，将思维局限于自己的完美计划，忽略别人的建议。这就导致完美主义者容易固执，钻牛角尖。

完美主义者总是喜欢说："这件事情我本应该做得更好。"完美主义者对自己的要求过高，在很多时候不能达到完美标准的客观情况下，总是喜欢强调"应该如何"而不是强调"事实如何"。

（3）影响行为方式

完美主义者喜欢制订繁多周密的计划以做到万无一失，而执行计划却往往半途而废。这是由于完美主义者只知道追求完美，不善于选择取舍，从而导致计划的实施总是不能达到预想的完美标准。所以说一个完美主义的计划并不是一个完美的计划，过度计划会导致行为瘫痪。

（4）影响人际关系

完美主义者往往对别人的能力不够信任，认为别人无法达到自己所要求的完美标准。而且完美主义者在对个人严格要求的同时往往也会严格要求别人，以强迫性人格影响自己的同时也影响别人。对别人的苛求导致了别人的反感，不利于个人的人际关系。

3. 消除完美主义的方法

具有完美主义性格的人，通常在思考方面会有许多不合理的想法。有时，完美主义的倾向是完美主义者从小在家庭中培养出来的，如父母过于严苛地要求自己，完美主义者常常也会不由自主地以同样的高标准来要求自己。完美主义者平时该如何克服或减轻自己的完美主义倾向呢？

（1）认清完美主义

可以在一张纸上列出试图变得完美的特点，当你列出代价和好处时，你可能发现代价太高了，超过了你所坚持的完美主义带来的益处。

（2）学会放松

要努力学习各项放松技术，当心中追求完美的念头再次出现时，告诉自己要放松，来个深呼吸，暗示自己已经做得很好了，即使有缺陷那也是在所难免的。

（3）确定短期目标

寻找一件我们自己完全有能力做好的事，然后努力去把它做好。这样你的心情就会轻松自然，办事也会较有信心，感到自己富有创造力和成就感。事实上，你不追求出类拔萃，而只是希望表现良好时，你会出乎意料地取得最佳的成绩。

（4）接受不完美的现实

我们一定要清楚，世上没有十全十美的人，也没有十全十美的事，这就是客观现实，不要逃避，要接受。

（5）埋头做事

你很希望能够证明你的能力，只要尽心尽力地去做就够了。如果开始做任何事之前，你都需要一个完美的计划才行动，你就会一事无成，因为很多事情都没有完美的答案，或者是当你开始干了之后，才知道什么是最合适的。相反，尽心尽力地去行动，你将获得成功的机会。

（6）改变认知

你要小心，不要总是指出别人的错误，让别人反感或紧张。也不要因为别人做事不合你的要求而大包大揽，尤其是对你的孩子或者亲人。你喜欢干净整洁，但小心不要让家人和朋友在你的家里感到待在哪儿都不合适。

（7）严格限制时间

当时间到时，继续前进，参加另一个活动。这个技巧尤其会减少完美主义的拖沓。

（8）学会接受批评

完美主义者把批评当成人身攻击，并过激回应。应更客观地看待批评，如果别人批评你，那就承认错误并声明你有犯错误的权利。

第二章　健康情绪的心理调适

健康是我们的生命之基,健康是我们的事业之本,健康是我们的幸福之源。失去健康,我们的人生就会了无生趣、效率锐减。健康虽然不能代替一切,但是没有健康我们也就没有了一切。

健康不单单是指没有疾病或虚弱,而是指身体、心理和包括社会适应在内的健全状态。也就是说,健康模式应该包括躯体健康、心理健康、社会健康、智力健康、道德健康和环境健康等。拥有健康的身心是人生最宝贵的财富之一,它能够帮助我们快乐幸福地度过一生。

克服不健康的病态性格

所谓病态性格，简单地说，就是一种不正常的情绪或秉性，这样的人认识问题和处理问题的方式比较离奇和怪异。我们许多人具有病态性格而不自知，这样的性格不仅会伤及他人，对自身健康也极为不利。

如果能够认识到这是一种病态的、不健康的性格，并随时加以自我调节和矫正，不断提高自身的思想文化素养，培养良好的处世心态，自我完善，对提高身心健康水平利莫大焉。

1. 了解常见的病态性格

许多人有病态的心理性格，对自己和别人都带来了不同程度的影响。具体来说病态心理性格有哪些呢？

（1）癔病性格

癔病性格也称情绪不稳定性格。具有这种性格的人，即使在并不紧张的情况下，也可能有较严重的情绪冲突表现，待人接物凭感情用事，"爱之欲其生，恨之欲其死"，动作言语都有点夸张，爱表现自己，喜欢博得别人的同情和赞扬。

我们的感情和内心体验并不深刻，很容易转变。平时常想入非非，稍不如意就可能暴跳如雷，在遭遇意外事故时，往往惊慌失措，缺乏自制力和解决问题的能力。

（2）忧郁性格

忧郁是诸多异常性格中最常见的一种，忧郁性格的人表现为情绪低沉、心胸不开阔，常把一些事实或意见加以夸大，为之烦恼，不能自拔，少言寡语、不愿与他人多来往、好生疑、常孤独；对一切事物缺乏兴趣、食欲不振、精神萎靡、自怨自艾；对事过于敏感、多愁善感；常常认为自己是世界上最不幸的人，严重的甚至会出现轻生念头。

（3）狂躁性格

具有狂躁性格的人，会周期性地出现双向情绪变化，一段时间（数天到数月）情绪持续高涨或持续低落。情绪高涨时，心情愉快、遇事乐观、兴趣广泛、藐视困难、口齿伶俐、自视颇高、脾气暴躁，甚至会有攻击和破坏性行为。情绪低落时，消极悲观、少言懒动、思想迟钝、自怨自艾，对一切都没兴趣，睡眠、食欲、性欲都有减少，容易感到疲乏无力。

（4）分裂性格

具有分裂性格的人最显著的特征是冷漠、孤僻、害羞、胆怯、缺乏进取心。这种人一般不愿意直接与现实接触，喜欢苦思冥想，对他人有一种莫名其妙的敌对情绪或攻击性。

懦弱，从小怕黑暗、雷电、昆虫等，甚至有时会产生幻觉，仿佛听到有人在强迫他们做事。他们工作不安心，办事缺乏信心，总感到不如他人，对前途感到渺茫。

他们很难合群，比如客人来了，会躲进屋内，不主动与别人打招呼。他们中的许多人不爱清洁，生活懒散、不修边幅，照料自己的能力较差，活动均以自我为中心。

（5）偏执性格

有偏执性格的人常常很自负，往往自我评价过高。固执己见、独断独行，很轻易地否定别人的言行。因此免不了和别人经常发生争吵，并不肯承认自己有过错，即使在事实非常明显的情况下，也要强词夺理或推诿。

这种性格的人喜欢嫉妒，喜欢挑人家的小毛病，不承认别人的成绩。有时不定期地表现为过分敏感，多疑又多心，总以为别人和自己过不去。因此，经常造成误会，人际关系紧张。

2. 消除病态心理的方法

病态心理往往影响了他们身心健康和人生发展，对于人际关系以及生活中的许多方面都带来了不利影响。我们该如何克服自己的病态心理呢？

（1）克服癔病性格

具有这种性格的人，仅靠意志控制是不够的，还需有一个痛苦磨炼的过程。最好的方法是待平静下来后，冷静地进行自我反思，充分认识这种不良性格的危害，同时要努力控制自己的情绪，遇事要冷静，不可任感情随意发泄。

（2）克服忧郁性格

有忧郁性格倾向的人，应着重培养乐观主义精神，不要用放大镜看自己的缺点和困难。要多参加户外活动，敢于对人阐明自己的观点，倾吐自己的抑郁，让别人理解自己的心情，要学会分享别人的欢乐，也让别人分享自己的欢乐。

（3）克服狂躁性格

有狂躁性格的人应当积极调动自己的意志调节自我心理。情绪高涨时，适当控制自己，或多做一些有益的工作。

情绪低落时，要鼓励自己，不要自暴自弃，可以相应做一些轻微的或者持续力稍短的工作。另外，平时应注意提高文化修养。

（4）克服分裂性格

有分裂性格的人无法充分展示自己的能力，所以也难以享受到人间丰富的情感欢乐。为此，有这种性格的人应当鼓励自己多活动、多表现、多交往，消除一切多余的顾虑，杜绝毫无根据的惧怕，即使在与人的交往中受到怠慢、冷落，也不要灰心，要坦诚待人。

（5）克服偏执性格

具有偏执性格的人，要有勇气正视自己的弱点，必须加强自我修养，对人豁达谦逊，对己严格要求，多加检点。

同时，在思想上建立相互尊重、相互信任的观念，一切从事实出发，待人接物随和一些，不强加于人。

防止不良情绪的传染

我们应该学会调整情绪，及时扭转不良情绪，避免它的蔓延。

在现代社会，人们工作压力大、生活节奏快，心理变得非常脆弱、抑郁，并且难以找到正常宣泄不良情绪的场所，所以常常乱放"火炮"。假如任自己的不良情绪肆意扩散，轻者搞得家庭里气氛沉闷，重者可使人们周围的小环境受到污染，使身边的每个人都觉得抑郁烦闷。

这就像一个圆圈，以最先情绪不佳者为中心，向四周荡漾开去，这就是常被人们所忽视的"情绪污染"。

在一个特定的环境中，每个成员都会不自觉地觉察、体验其他成员尤其是主要成员的情绪，然后改变自己的情绪状态，这就叫做"情绪污染"，也叫"情绪移入""情绪感染"。

现代心理学告诉人们，人的情绪有两个关键时间，一是早晨就餐前，二是晚上就寝前。在这两个关键时间里，每一个家庭成员都要尽量保持良好的心境，稳定自身情绪，尽量不要破坏家庭的祥和气氛，避免引起情绪污染。假如在一天的开始，家庭某一个成员情绪很好或者情绪很坏，其他成员就会受到感染，产生相应的情绪反应，于是就形成了愉快、轻松或者沉闷、压抑的家庭氛围。

任何人都会有情绪低落的时候，每当这时，一是要有点忍耐和克制精神，二是要学会情绪转移。把不良情绪带回家，将心中怨气发泄在家人身上，为一些小事耿耿于怀……诸如此类，都会影响他人情绪，造成情绪污染。

在某公司的办公会议上，公司总裁刘女士作了激励性的讲话，保证自己将以身作则。每天做到早到迟退，力图率领大家扭转公司的颓势。谁知几天后的一个早晨，刘女士看报太入迷了，出发的时候，离上班时间只剩几分钟了。她匆匆忙忙地开车，闯了两个红灯，被警察扣了驾驶执照。

刘女士感到气急败坏，她抱怨说："今天活该有事，我向来遵纪守法，这警察不去抓小偷，却来找我的麻烦，真是可恨！"

回到办公室，正好碰到部门经理来向她汇报工作。她不带好气地问部门经理上周那笔生意敲定没有？部门经理告诉她还没有。刘女士吼道："我已经付给你七年薪水了。现在我们终于有一次机会做笔大生意，你却把它弄吹了，如果你不把这笔生意争回来，我就解雇你！"

部门经理一肚子的不满，心想："我为公司卖了七年力，公司少了我就会停顿,刘女士不过是个傀儡。现在,就因为我丢掉了一笔生意,她就恐吓要解雇我,太过分了!"

他回到自己的办公室,问秘书:"今天早上我给你的那五封信打好了没有?"她回答说:"没有,我……"

部门经理冒起火来,指责说:"不要找任何借口,我要你赶快打好这些信件。如果办不到,我就交给别人。虽然你在这干了三年,不表示你会一直被雇佣!"

秘书心里想:"有病啊!三年来,我一直很努力工作,经常地超时加班,现在就因为我无法同时做两件事,就恐吓要辞退我,欺负人!"

秘书下班回家,看到八岁的孩子正躺着看电视,短裤上破了一个大洞,她就叫起来:"我告诉你多少次,放学回家后不要去瞎闹,你就是不听。现在你给我回到房里去,今晚不许看电视了!"

八岁的儿子走出客厅时想:"妈妈连解释的机会都不给我,就冲我发火,真不讲理。"

这时,他的狗走到跟前,小孩一生气,狠狠地踢了狗一脚:"给我滚出去!你这臭狗!"

看,刘女士的消极情绪通过漫长的链条,最后传导到了秘书小姐家的狗身上。从上面这个例子我们发现,不良情绪是可以传染的。实际上,这样的情绪转移现象在生活中并不少见。一个人的不良情绪一旦无法正当发泄和排解,会怎么样呢?这时此人往往会找一个出气筒,把情绪转移到别人的身上。

人的心境是很容易扩散和蔓延到周围的人和事上的，有时甚至是无意识的，自己也很难控制。但是无论如何，拿别人撒气是不对的，对别人是不公平的。我们肯定不希望别人把我们当出气筒，那么己所不欲，勿施于人，我们也该克制自己的情绪，不要向别人乱撒气才好。

情绪有着不可思议的传染力，古代战争中，坚固的盔甲和城墙可以抵挡进攻，然而传单和谣言的散播会让人动摇、恐惧、畏缩，甚至不战而败，情绪的力量既是恐怖的，也是强大的。

但是，大多数人并未经历战乱和生离死别，生活如泉水般涓涓流淌，细腻而平淡，平淡中有时会打起小的漩涡，当你平静地回到家里，孩子手举着奖状跑过来，欢呼着、雀跃着，你也会开心、会微笑，把孩子搂在怀里甚至高高举过头顶。

当你精神饱满地走进办公室，而身边的一个同事因家事而郁闷、低落，一个同事无精打采、愁眉苦脸，另外一个同事为客户的无理取闹而咬牙切齿，原本早上阳光明媚的那副好心情也就一扫而光了。

情绪与众口铄金、积毁销骨似乎有着类似的传染力，因此把快乐带给他人的办法其实非常简单，不需要付出太多的心血，只需要多用快乐的情绪感染别人，多把不好的情绪掩藏在心底。

情绪低落的时候，要有忍耐和克制力，要学会情绪转移，把注意力转移到使人高兴的事情上来，尽量把不良情绪化解掉。如娱乐活动、体育锻炼、加倍工作等。还可以寻找发泄渠道或找知心朋友一吐为快。不要将情绪带到公共场所，那样害人又害己。

总而言之，我们每个人都应该努力消除自己的不良情绪，防止情绪的污染。最好是天天面带微笑，像阳光一样给周围的人带来快乐。

有效地克服记忆障碍

记忆障碍指我们个人处于一种不能记住或回忆信息的状态，有可能是由于病理生理性的或情境性的原因引起的永久性或暂时性的记忆障碍。

一般把记忆障碍分为两类，即顺行性遗忘症和逆行性遗忘症。凡不能保留新近获得的信息的称为顺行性遗忘症；凡正常脑功能发生障碍之前的一段时间内的记忆均已丧失的，称为逆行性遗忘症。

1. 了解记忆障碍的表现

记忆障碍会造成我们经常性遗忘或者过分记忆，产生许多的不便，同时也给家庭和别人带来许多不良影响。记忆障碍主要有哪些表现呢？

（1）记忆增强

临床常见轻躁狂患者联想加速、"过目不忘"，而且对平时不能回忆的往事细节也能回忆起来。抑郁障碍患者也存在类似情况，主要表现为对既往细小过错记忆犹新，病情缓解后以上现象便会消失。

（2）记忆减弱

记忆减弱是指记忆过程全面的功能减退。最常见于脑器质性精神障碍，如痴呆患者，也可见于正常老年人。

（3）经常遗忘

遗忘是指我们对某一事件或某段经历不能回忆，称为回忆空白，可保留再认功能。分类有顺行性遗忘、逆行性遗忘、进行性遗忘、心因性遗忘。前两类多见于脑损伤，进行性遗忘主要见于痴呆。心因性遗忘具有选择性遗忘特点，即所遗忘事情选择性地陷于痛苦经历或可能引起心理痛苦的事，多在重大心理应激后发生，常见于分离性障碍、急性应激障碍等。

（4）惯于错构

错构是一种记忆错误，患者在回忆自己亲身经历的事件时，对地点尤其是时间的记忆出现错误或混淆，如将此时间段内发生的事情回忆成在另外时间里发生的。

（5）善于虚构

虚构也是一种记忆错误。患者对某段亲身经历发生遗忘，而用完全虚构的故事来填补和代替之，随之坚信。有些患者所谈内容大部分为既往记忆的残余，在提问者的诱导下串联在一起，丰富生动又显得荒诞不经，但转瞬即忘，临床上称为虚谈症。

（6）潜隐记忆

又称歪曲记忆。患者将别人的经历以及自己曾经的所见所闻回忆成自己的亲身经历，或者将本人的真实经历回忆成自己所见所闻的别人经历。

2. 消除记忆障碍的方法

记忆恢复决定于病变性质、部位、严重和广泛程度，目前尚无有效的方法治疗记忆障碍，记忆功能的训练有一定帮助。

（1）注意集中

记忆时只要聚精会神、专心致志，排除杂念和外界干扰，大脑皮层就会留下深刻记忆。如果精神涣散，一心二用，就会大大降低记忆效率。

（2）兴趣浓厚

如果对学习材料、知识对象索然无味，即使花再多时间，也难以记住。

（3）理解记忆

理解是记忆的基础。只有理解的东西才能记得牢、记得久。仅靠死记硬背，则不容易记住。对于重要的学习内容，如能做到理解和背诵相结合，记忆效果会更好。

（4）过度学习

即对学习材料在记住的基础上，多记几遍，达到熟记、牢记的程度。过度学习的最佳程度是150%。

（5）及时复习

遗忘的速度是先快后慢。对刚学过的知识，趁热打铁，及时温习巩固是强化记忆痕迹、防止遗忘的有效手段。

（6）经常回忆

学习时不断进行尝试回忆，可使记忆错误得到纠正，遗漏得到弥补，使学习难点记得更牢。闲暇时经常回忆过去识记的对象，也能避免遗忘。

（7）读想视听结合

可以同时利用语言功能和视、听觉器官的功能，来强化记忆，提高记忆效率，比单一默读效果要好。

（8）运用多种手段

根据情况，灵活运用分类记忆、特点记忆、谐音记忆、争论记忆、联想记忆、趣味记忆、图表记忆、缩短记忆及编提纲、做笔记、卡片等记忆方法，均能增强记忆力。

（9）掌握最佳时间

一般来说，上午9时至11时、下午15时至16时、晚上19时至22时，为最佳记忆时间。利用上述时间记忆难记的学习材料，效果较好。

（10）科学用脑

在保证营养、积极休息、进行体育锻炼等保养大脑的基础上，科学用脑，防止过度疲劳，保持积极乐观的情绪，能大大提高大脑的工作效率。这是提高记忆力的关键。

科学地战胜情感障碍

所谓情感障碍，是指情感活动的规律受到破坏，人在认识客观事物的过程中所表现出的某种态度上的紊乱。通常，正常人的情感活动与其他心理活动是协调一致的。一旦情感活动发生故障，可引起其他心理活动过程的障碍；反之，其他心理活动过程发生故障，也可导致情感障碍。

1. 了解情感障碍的表现

情感障碍主要表现为我们情感高涨时的躁狂或情绪低落时的抑郁，或两者交替出现。我们的情感障碍具体有哪些表现呢？

（1）情感高涨

情感活动显著增强，表情生动欢喜、兴奋、乐观、易激怒，易与周围环境发生冲突。这类人是以过度欢乐轻松的状态对周围环境给予反应，心理活动仍然保持完整，属病理现象，多见于狂躁症。

（2）情感欣快

表现为异常轻松、诙谐、滑稽、讲话时眉飞色舞，爱取乐于人，这类人从外表上看与情感高涨者颇有类似之处。

（3）时常焦虑

表现为惶然、不安，如大祸临头，坐立不安。难以专心工作，并常伴有心慌、出汗或躯体不适感。在这类人中，有的与青年时期心理发展中形成的性格缺陷有关，有的属于更年期忧郁症。

（4）情感爆发

表现为哭笑无常，叫喊吵骂，打人毁物，常伴有造作、幼稚和戏剧性动作，多见于癔病。

（5）恐怖性情感

对某种境遇所产生的特殊畏惧和恐慌，常见有死亡恐怖、广场恐怖、触物恐怖、对人恐怖等。多见于强迫性神经官能症和精神分裂症早期。

（6）病理性激情

表现为有短暂的情感爆发，自己难以控制，常伴有不同程度的意识障碍和暴虐行为。

（7）易激惹

表现为遇到轻微刺激即可引起强烈的情感反应，易怒，甚至怒不可遏。

（8）情感淡漠

表现为对外界的任何刺激都无动于衷，对悲、欢、离、合、爱、憎均漠然视之，如亲人亡故无任何表示。

（9）情感低落

表现为对任何事物都悲观失望、抑郁愁苦，与情绪高涨相反，常有自杀或自我惩罚行为。

（10）情感衰退

表现为患者对周围环境发生的任何事物都引不起情绪反应，丧失自己相应的态度和内心体验，呆滞，行动缓慢，生活不能自理。

（11）情感脆弱

表现为常为小事而伤感，严重时情感失禁，其情感活动的自制能力完全丧失。

（12）情感倒错

表现为情感反应与内心体验不一致，这是由于认识过程与情感过程的协调丧失而引起的脱节现象，如对亲人死亡不仅不悲哀，反而表现出喜悦的情感，多见于精神分裂症。

（13）矛盾情绪

表现为对同一事物同时产生两种相反的感情，如既爱又恨，多见于精神分裂症。

（14）表现倒错

表现为在不感到悲伤时而号啕痛哭，这是内心体验与表情动作之间不相协调的原因，多见于精神分裂症。

2. 治疗情感障碍的方法

情感障碍必然会导致一个人社会行为异常，使他人无法接受，难以理解，甚至使人感到难堪讨厌，无法接近，就会导致搞好人际关系变得困难。我们该如何治疗自己的情感障碍呢？

（1）忧郁性情感障碍治疗

对于急性忧郁期有所缓解的病例，采用短程个别心理治疗，可有助于改进患者的应付技巧。夫妇治疗可有助于解决双方的矛盾冲突。长程心理治疗似乎并不合适，除非有明显的人格障碍。

（2）狂躁性情感障碍治疗

狂躁性精神障碍往往是一种急诊情况，最好住院处理；而轻狂躁则可门诊治疗。

（3）混合性情感障碍治疗

对于狂躁抑郁症的混合状态，中医治疗情感障碍，也有很好的疗效。

意志障碍是一种心理疾病

意志障碍指我们在自我能力开发中，确定方向、执行决定、实现目标的过程中起阻碍作用的各种非专注性、非持恒性、非自制性等不正常的意志心理状态，它是一种较严重的心理疾病。

1. 了解意志障碍的表现

意志是人类特有的有意识、有目的、有计划地调节和支配自己行动的心理现象。而意志障碍影响了意志正常运转，意志障碍有哪些表现呢？

（1）意志增强

意志增强是指一般意志活动的增强。多见于狂躁症和偏执型精神分裂症以及偏执性精神病人。

（2）意志减退

意志减退是指病人的意志活动减少。多见于抑郁症、精神分裂症、各种活性物质中毒性精神病患者。

（3）意志缺乏

意志缺乏指病人对任何活动都缺乏明显的动机，没有什么确切的企图和要求，不关心事业，也不要求工作和学习，无积极性和主动性，不讲卫生，不洗澡，不理发，甚至吃饭也要他人督促。主要见于精神分裂症，也见于脑器质性精神病的痴呆状态。

（4）意向倒错

意向倒错指病人的意向与一般常情相违背或为常人所不允许，以致病人的某些活动和行为使人难以理解和接受。如病人伤害自己和身体，吃一些人不能吃的东西，如肥皂、泥土、草木等。多见于精神分裂症。

（5）矛盾意志

矛盾意志指病人对同一事物同时产生对立的相互矛盾的意志活动。但病人对此毫无知觉，是精神分裂症的特征性症状。

（6）兴奋状态

兴奋状态是精神科临床上很重要、很常见的一类症状，它是整个精神活动的增强。表现为思维联想加快、情感高涨、意志活动增强、行为紊乱等。兴奋状态分为狂躁性兴奋、青春性兴奋、紧张性兴奋、器质性兴奋。

（7）木僵状态

木僵状态是运动抑制的表现。轻者言语、动作、行为迟缓，笨拙。重者缄默不语，不吃不喝，完全不动，能保持一个固定的、较不舒适的姿势长时间不动。根据引起木僵的原因，木僵状态分为心因性木僵、抑郁性木僵、紧张性木僵和器质性木僵。

（8）违拗症

违拗症指病人对于他人的要求，不仅不做出任何反应，甚至加以抗拒，包括主动性违拗和被动性违拗。主动性违拗指做出与对方要求完全相反的动作；被动性违拗指对他人的要求一律拒绝，多见于精神分裂症。

（9）被动性服从

被动性服从指病人被动地服从他人的命令和要求，甚至一些令病人不愉快的、违背病人意愿的命令和要求，使病人很不舒适的事和动作，病人也无条件地服从和执行。多见于精神分裂症。

（10）刻板动作

刻板动作指病人持续地、单调而重复地做某一个动作，有时与刻板言语同时出现。多见于精神分裂症。

（11）模仿动作

模仿动作指病人毫无目的、毫无意义地模仿周围人的动作。多见于精神分裂症。

（12）作态

作态指病人做些愚蠢而幼稚的动作和姿势，这并不离奇，但使人感到好像是病人装出来的，如病人怪声怪气地与他人交谈等。

（13）怪异行为

怪异行为指病人的行为离奇古怪，不可理解，常做些挤眉弄眼、装怪样、做鬼脸的动作等。多见于精神分裂症。

（14）持续动作

当周围人向病人提出别的要求后，病人仍要重复做刚才所做的动作，并经常和持续言语同时出现。主要见于精神分裂症。

（15）强制性动作

强制性动作指病人做不符合自己意愿且又不受自己控制、支配而带有强制性性质的动作。对此，病人往往没有明显摆脱的愿望，同时也不感到明显的痛苦。多见于精神分裂症。

（16）强迫动作

强迫动作是一种违背病人本人意愿，反复出现的动作，病人意识到没有必要做，努力摆脱，但又无法摆脱。多见于强迫症和精神分裂症，也可见于抑郁症。

2. 治疗意志障碍的方法

意志障碍是一种比较严重的心理疾病，我们要早发现，早治疗，这样才能让自己重新回到健康幸福的自我。我们该如何治疗自己的意志障碍心理呢？

（1）恢复意志对大脑的支配

精神失常的例子需要进行专门治疗。如果是白日梦、狂喜等，可以通过保持健康、充实生活、积极行动来治疗。而对于那些意志处于僵化停滞状态的人，只有规划好具体的日常生活，有意识地去实现每个计划才是唯一的治疗方案。

（2）克服优柔寡断

有的时候遇到需要做决定的紧急时刻，虽然知道自己的决策不是十全十美的，自己心中也存在种种疑虑，但是必须明白一点：决定是一定要做出来的。

尤其需要记住的是，请别人帮助自己做决定不仅完全没有用处，往往使情形更糟。我们最好养成在紧急时刻凭借自己的勇气化险为夷的习惯。永远要直面现实的问题，培养果断的品格。

（3）克服意志动摇

我们要相信自己一定能做到，这种精神状态应该一直保持在自己的意识中，时时省察，把自己意志力的薄弱看作培养坚定意志的敌人，全力以赴地战胜它。

（4）避免三心二意

我们在决定开始做一件事时要谨慎，一旦决定，就要把自己选定的事业坚持下去。当我们想放弃时，要努力把放弃当前事情的每一条理由坚决地转变成把它坚持下去的理由。

（5）学会坚持不懈

我们一定要有意识地克服暂时的、间断性的厌倦感，随时保持警惕，要不厌其烦地对待大脑目前的疲惫怠惰状态，积极激发自己的动力和兴趣，比如，求助于一些转移注意力的活动，来缓解对工作的暂时厌烦。

你要尽可能地搜寻所有能够使你重新满怀热忱地投入工作的新动机，激励你的意志力重新发挥作用。这个治疗办法屡试不爽，但并不会轻而易举地被人掌握。

（6）避免感情突然爆发

我们要树立健康的个人主义观点，养成镇定自若的气度，培养自制力，尤其在一触即发的时候，把自己的感情发泄到其他的地方，回想以前的经验，令人记忆犹新的后果自然会阻止自己重蹈覆辙。

（7）不要顽固不化

我们要千方百计地寻找支持或反对的理由，寻找最宽宏大量的理由，更多地重视别人的意见，有意识地养成适当让步的习惯，克服自己的骄傲情绪，向真正的智慧和事实的真相低头认输。

（8）避免一意孤行

我们要养成谦恭的习惯，经常回想过去的经验，一定要注意听取别人的劝告，深入地思考自己内心的信念，长期缓慢而细致入微地注意分析反对意见和反对的理由。

（9）避免刚愎自用

我们一定要记住过去的经验，还要设想将来可能发生的事情，一定要研究已经发生过的严重后果并从中吸取教训，一定要强迫自己注意听取别人的意见，毫不隐瞒地坚持解剖自己的个性，并深入研究人类行为的一般准则。

心胸要开阔，在思想成形之前要经过多方验证。所有的事情一定要逐步考虑，如果只是异想天开头，要尽可能地把它置之脑后。一旦认定某件事情是错误的，就要毫不犹豫地放弃它。

另外，我们应该随时准备改变自己的观点，进入新的生活环境，使身体达到新的健康状态。要培养理智的想法，形成合理的行为习惯，不要迁就病态的虚荣心。

人格障碍是失常的心理特征

人格障碍是指我们的人格特征显著偏离正常，使患者形成了特有的行为模式，对环境适应不良，常影响其社会功能，甚至与社会发生冲突，给自己或社会造成恶果。

1. 了解人格障碍的表现

人格障碍的发病期至少要能追溯到成长期早期或更早，人格障碍会干扰到我们个人、社会或职业的发展。

人格障碍都有哪些表现呢？

（1）偏执型

偏执型人格障碍以猜疑和偏执为主要特点，表现为普通性猜疑，不信任或者怀疑他人忠诚，过分警惕与防卫。

强烈地意识到自己的重要性，有将周围发生的事件解释为阴谋、不符合现实的先占观念。

过分自负，认为自己正确，将挫折和失败归咎于他人；容易产生病理性嫉妒；对挫折和拒绝特别敏感，不能谅解别人，长期耿耿于怀，常与人发生争执或沉湎于诉讼，人际关系不良。

（2）分裂型

以观念、外貌和行为奇特、人际关系有明显缺陷和情感冷淡为主要特点。对喜事缺乏愉快感，对人冷淡，对生活缺乏热情和兴趣，孤独怪僻，缺少知音，我行我素，很少与人来往，因此也较少与人发生冲突。

（3）边缘型

边缘型人格障碍又称爆发型或攻击型的人格障碍，以行为和情绪具有明显的冲动性为主要特点。

发作没有先兆，不考虑后果，不能自控，易与他人发生冲突。发作之后能认识到不对，间歇期一般表现正常。

（4）强迫型

以要求严格和完美为主要特点。希望遵循一种他所熟悉的常规，认为万无一失，无法适应新的变更。

缺乏想象，不会利用时机，做事过分谨慎与刻板，事先反复计划，事后反复检查，不厌其烦。犹豫不决、优柔寡断也是其特点之一。

（5）表演型

是以高度的自我为中心，并用过分情感化和夸张的言语以及行为吸引他人注意为主要特点，其行为目的是为了吸引他人同情和注意。

（6）悖德型

又称反社会型人格障碍，以漠视他人权利和侵犯他人权利为主要特点。这种人感情冷淡，对人缺乏同情，漠不关心，缺乏正常的人间爱；易激惹，常发生冲动性行为。

即使给别人造成痛苦，也很少感到内疚，缺乏罪恶感；因此常发生不负责任的行为，甚至是违法乱纪的行为，虽屡受惩罚，也不易接受教训，屡教不改。临床表现的核心是缺乏自我控制能力。

（7）自恋型

这种人自以为了不起，平时好出风头，喜欢别人的注意和称赞。好"拔尖"，只注意自己的权利而不愿尽自己的义务。

他们从不考虑别人的利益，要求旁人都得按照他们的意志去做，不择手段地占人家的便宜，而不考虑对自己的名声有何影响。

这种人缺乏同情心，理解不了别人的感情。

（8）回避型

以社交抑制、情感不适当和对负面评价过分敏感为主要表现的一种人格障碍，显著特征是社会退缩。

（9）精神分裂型

以脱离社会和在与人交往中表情明显受限为主要表现的人格障碍，患者通常很少报以微笑、点头和肢体动作。

（10）依赖型

是一类以过分需要照顾有关的服从和依附行为为主要表现的人格障碍，其主要特征就是过度依赖他人，而构成这种自我淡化的原因是对遭遗弃的害怕。

2. 治疗人格障碍的方法

人格障碍者虽为数不多，但危害不小，因其不仅危害自己，还殃及社会及他人。那么，人格障碍如何自我消除呢？

（1）预防为主

心理学研究认为，我们的人格障碍，一般在15岁以前就开始形成了，所以强调儿童的早期教育，对预防人格障碍的发生、发展至为重要。

（2）心理治疗

目前，备受推崇的是习惯养成法矫正人格障碍，具体方法是患者要做好生活记录，以改变自己的生活方式，使我们的粗暴行为的次数逐渐减少。

（4）精神外科治疗

颞叶切除或立体定向手术可改善一些人格障碍的表现，但应严格掌握适应症。实践证明，有计划、有系统地教育和锻炼，适当的劳动对具有人格障碍的人是有益的。提高素质和改善环境是预防人格障碍的主要措施，也是十分艰巨和长期的工作。

将轻生拒绝在心门之外

轻生又叫自杀，是指一个人内心失去对生活的勇气，不重视和轻视生命的一种行为。当我们听说某人自杀的时候，心里往往会不由自主地问："有什么大不了的，何苦寻短见呢？"那么，许多人为什么会有轻生的心理，我们的轻生心理应该怎样克服呢？

1. 了解轻生心理的产生原因

贫穷、长期心情抑郁、看不到希望、孤立、没有人可以信任、没有任何其他选择、缺乏自尊、无价值感等内心想法让一些人决定终止生命。

由于外在环境的突然变化或长期处于困境而看不到希望，许多人通过自杀来停止痛苦，尽管这种做法在别人看来非常极端，但轻生者却往往认为是最好的选择。

通常我们认为自杀的人都有某种心理疾病，的确，精神分裂及临床抑郁症患者的自杀率确实要大于普通人，患有精神疾病的人更容易产生自杀的想法。

尽管如此，我们大多数有轻生思想的人并没有精神疾病，和普通人一样，只是在特定的时间遇到了让我们感到极端不愉快与绝望的事情，感到孤独，与世隔绝。

自杀者的想法和行为是来自生存压力和重大损失，以至认为自己再也没有力量去应付生命。自杀冲动的产生在不同的人身上有不同的反应，有些人是因为财务的巨大损失，有些人是由于重要亲密关系的破裂，还有些人是因为自尊的受损、失业、没有得到预期的入学通知、身体的损伤等。

由于我们每个人的心理健康程度和应对压力的能力不同，因此遇到相同的事情就会产生不同的心理反应。一般来说，除了患有长期精神官能症、情绪抑郁而失去生存动力或罹患重病以至于想放弃生命的人，还有许多因素可以导致我们产生自杀的想法。

（1）遗传因素

假如我们父母中有人有过自杀的想法，那么子女就会更容易产生自杀的想法。如果我们家庭中有成员曾经自杀或者有过自杀行为，那么这个家庭成员比正常家庭自杀的概率要大2.5倍。有精神病史的家庭成员自杀率也比没有精神病史的家庭概率大多了。

（2）酗酒

过度酒精依赖会使人生活陷入困局，如离婚、失业、健康恶化，从而造成自尊心受损，加之酒精会引起冲动行为，降低正常的自控力，从而造成自杀行为。

（3）吸食毒品

吸食大麻、可卡因、脱氧麻黄碱、幻觉剂等毒品会引起自杀想法。初次吸食毒品会让人产生一种短暂的欢欣快乐的心理感受，但是长期吸食毒品，则让吸食者在没有毒品刺激时陷入极端的消沉情绪中，而这种情绪则是造成自杀的最重要原因。

（4）过往自杀史

曾经有过自杀冲动或者有过自杀行为的人，会更容易产生自杀想法。

（5）睡眠障碍

睡眠障碍会影响我们的认知能力的正常运作，长此以往会导致抑郁症、精神低落，进而引起自杀想法。

（6）药物副作用

一些药物副作用也会引起我们自杀，药物副作用引起自杀行为在我们青少年中会更严重。

引起自杀的因素有很多，但最关键的还是我们心理自我保护机能欠缺。自卑、抑郁、执着于童年时所受的伤害以及自我评价的失衡，长期累积都会造成自杀冲动。

2. 去除轻生心理的方法

轻生心理是一种非常消极的情绪，对我们各个年龄段的人都有很大的危害性。我们一定要克服轻生心理，始终保持一个健康向上的心态，顺利走完我们人生的历程。

（1）正确的人生观

人为万物之灵，这是因为人具有思维能力，即人所独有的极其复杂丰富的主观内心世界，而它的核心就是人生观。如果有了正确的人生观和世界观，我们就能对社会、对人生、对世界上的万事万物持正确的认识，能采取适当的态度和行为反应，就能使人站得高、看得远，做到冷静而稳妥地处理各种问题。

（2）保持乐观心态

乐观是心胸豁达的表现，乐观是生理健康的目的，乐观是人际交往的基础，乐观是生活快乐的保证。

虽然我们可能已经进入老年，事业很难再有突破；虽然我们可能疾病缠身，每日忍受疾病痛苦；虽然我们可能终日处于孤独、无助状态，但是，只要我们愿意，我们都可以保持乐观。乐观将使我们看到人生的幸福和希望，从而不会再有轻生念头。

（3）学会调控情绪

我们要学会自我调控情绪，排除不良情绪，让自己在愉快的环境中度过每一天。积极向上的情绪状态，使人心情开朗，轻松稳定，精力充沛，对生活充满热情与信心。因此生活中应避免不良情绪的发展，遇到不好的事，要换个方法变个方式思考，我们将大有收获。

遇到不愉快的事情，我们要及时向朋友、亲人倾诉，以疏散郁闷情绪。自我放松，多参加休闲运动。积极参加集体活动，搞好人际关系，我们会发觉每一天都是快乐的。

（4）不嫌弃自己

不会嫌弃自己的人，对别人的褒贬好恶也就比较淡然；而自我嫌弃心理特别重的人，对他人也就非憎必爱了。

在人际关系中如果我们大家都自我嫌弃，关系一定搞不好，如果对自己的性格急躁不以为然，能够自我宽容，那么我们对同样是性格急躁的朋友也就能够宽容。在宽容的人际关系中，我们就会觉得人生很美好，也就不会产生轻生心理。

（5）不自寻烦恼

有很多烦恼其实是我们自己寻出来的，俗话说"自作自受"，故不要为一些小事而大动肝火。

凡事都有两面性，既有好的一面，又有坏的一面，因祸得福、乐极生悲是我们生活中常见的事。因此我们对一些生活琐事不要过分认真，有时我们一个人躲在角落里生闷气，家里人莫名其妙，不知你的气因何而起。

（6）避开不良环境

我们常常会遇到一些不愉快的场景，并给我们的心里留下一些阴影。既然这些环境会影响我们的心情，我们可以尽量回避。对世俗复杂环境能避开的就避开，不要轻信别人的胡言乱语，这无疑是对我们心理有很大的帮助。

（7）培养多种兴趣

一些人可能时间比较充裕，如果没有一些感兴趣的事情可以做，就会产生孤独感。因此，我们应该注意在日常生活中培养一些个人兴趣爱好，如种花、喂鱼、养鸟、下棋、绘画、集邮等，在积极参与各种活动中消除孤独心理。

（8）注意广交朋友

多交朋友可以让我们摆脱孤独心理，还可以让我们从那些有积极心态的朋友身上得到积极影响，恢复快乐和信心。

（9）活到老学到老

我们应该多寻找一些合适的机会，不断补充新的知识，让自己永远与这个时代保持同步。在体现自身价值的过程中，我们也就能感受到生活的幸福，从而可以保持身心健康。

（10）学会倾诉

如果有一些烦恼我们要经常跟别人讲，不要老是憋在心里面，要改变一下自己的思维方式。

（11）及时就医治疗

如果我们精神方面有疾病，像抑郁症、精神分裂症，不要讳疾忌医，要及时向专业的机构寻求专业的辅导。

人生不可能总是一帆风顺。遇到小挫折，我们要积极面对，寻求帮助。换句话说，既然死都不怕了，我们何不勇敢地活下去呢？

善于将痛苦转化为幸福

人生不如意者十之八九，不如意那就免不了痛苦。那十之一二呢？就是如意了，也就应当是幸福了。可见，我们人生的历程就是在痛苦和幸福的交织与转换中度过的，至于谁一生的痛苦多而幸福少，谁一生的幸福多而痛苦少，那就不仅要看各自出生后的境遇，更要看各自处世的态度和思维取向了。不管人生有什么样的痛苦，只要你愿意，你就可以超越它，并能够将痛苦转化为欢乐。

1. 辩证地看待痛苦与幸福

痛苦是幸福的代价，痛苦是进入幸福之门。当希望变为现实的时候，幸福就趋于零，并向痛苦转化。

痛苦与幸福来自同一源泉。我们的客观条件不管多好，当我们与那些条件更好的人相比时，就会产生痛苦。我们的客观条件不管多么坏，当我们与那些条件更坏的人比较时，我们也会感到幸福。

我们即使不与他人比较，也可以与自己比。现在比过去好，我们就会感到幸福；过去比现在好，我们可能就会感到痛苦。在追求希望的过程中，现实的痛苦浸泡在期望的幸福之中。假若没有希望，现实就是可怕的。

幸福缩短感觉上的寿命，痛苦则延长它。上帝最公平，感觉幸福者，主观感觉上的寿命就缩短，即所谓度年如日。感觉痛苦者，主观寿命则延长，即所谓度日如年。

高远的目标增加希望的长度和追求的过程，因此现实的痛苦能更长久地被期望的幸福所伴随。

真实的幸福是痛苦与痛苦之间的间隙。过去的痛苦在现在的回忆中成为幸福，未来的痛苦在现在的希望中成为幸福。所以现在感觉现在是痛苦，现在感觉非现在就是幸福。所以人们用回忆补偿过去，用希望充实未来。幸福守恒，不分何人。幸福深者，痛苦也深；幸福浅者，痛苦也浅。

追求者痛苦得强烈，幸福得也强烈。不追求者痛苦得浅淡，幸福得也浅淡。不虑不渴不求者，获得静态的零感受。

无限的欲望被人生之目标分割成有限的欲望。在有限的目标欲望满足之前的每一瞬间，都是产生痛苦的不满和产生幸福的不满的减少的交替。因此痛苦和幸福在每一瞬间都相互抵消。

当目标欲望满足之时，我们的感觉就恢复到零状态，一个新的目标欲望随即产生。我们的人生是不断达到零感觉和从零感觉出发的过程，所以我们有的人干脆不出发。

同量的主观幸福感或痛苦感，随着感觉上的敏感度的降低，必须用越来越多的物质量去补偿效用递减。穷人用1分钱买到的感觉，富人或许要用1000元才能买到。

穷者用弱化欲望平衡幸福与痛苦，富者用增加刺激平衡幸福与痛苦。贫苦者用降低或改变主观标准来减少痛苦和增加幸福。故有以贫以苦为乐之说。

2．消除人生痛苦的方法

在我们的一生中，痛苦烦恼几乎伴随着生命的全部过程，为了排遣无端的悲绪和寂寞，有人抽烟，有人酗酒，有人寻找刺激，这些都是用错误的方式填补内心的空白。要使自己快乐无忧，我们该采取什么好的方法呢？

（1）控制情绪

每天在同一时刻想使你忧虑的事，这虽然很困难，但一旦你渐渐地能控制住忧虑的情绪，它们就不会突然涌上心头。

（2）动手做事

可以解决的事情，就马上动手努力想办法去做，化痛苦为力量，即使事情不能完全好转，可以部分控制，也可快乐。

（3）分散精力

用各种方法分散精力，例如找人聊天、听音乐、看电影、看小说、吃东西、自我安慰等。

（4）要多读书

多读书会使你痛苦空虚的心灵充实起来，使我们从狭小的天地驶向广阔无垠的知识海洋。

（5）要广交友

好的朋友总是相互帮助，相互勉励，在你遇到挫折痛苦时开导你，在你情绪低落时激励你，在你春风得意时提醒你，在你空虚时拜访你。

（6）要立志向

心灵空虚的人，往往因为没有追求而进入生不如死的状态。而有理想有志向的人，就会非常珍惜生活的分分秒秒，忘记生活中的痛苦烦恼。

（7）要多工作

把注意力转移到具体工作上，而不要沉溺在痛苦的世界里。

（8）要多运动

运动不仅可以锻炼人的毅力，化解痛苦，而且能强身健体，何乐而不为呢？总之，痛苦和快乐都是自己找的。你与其每天想着痛苦的事情不如去想一些快乐开心的事情。一件事情有好有坏，我们如果总是想着它的消极方面，那我们能不痛苦吗？遇见事情不要盲目地去痛苦去难过，而是乐观地对待它。

3. 感受幸福的技巧

在我们努力克服痛苦的同时，还要学会感受幸福。让自己感受幸福方式很多，只要用心一定会变成一个幸福的人。我们该如何体验幸福呢？

（1）学会感激

要知道，没有一个人是天生要为你服务的，也没有一个人是欠你什么的，所有你得到的都是你值得感恩的东西，记录别人给我们的点点滴滴的恩惠，保持这个感恩之心，最大的获益人是你自己。

我们可以做一个幸福日记，入睡前写下5件让你最快乐最值得感激的事情，事情不论大小，如下班回家闻到了诱人的饭菜香，你觉得开心幸福吗？和好朋友谈了一次话，喝了一次茶，是不是也很幸福啊？出门的时候，孩子给你的一个拥抱；父母做你喜欢吃的饭菜，等你下班回来吃；你的客户对你的服务很满意等。

当你的心被这些幸福和快乐充满的时候，你就会保有一个正面的情绪。当越来越多的正面情绪替代掉负面情绪时，你就会走入感情账户的正面上去，处于收入大于支出的状态。当然，如果每个月有两次去对帮助过自己的人表达感激的话，这个幸福感更会大大提升。

（2）快乐原则

选择做对你有意义并且让你快乐的事。不要只是为了轻松而选择，而是要选择那些快乐的有意义的事情。不要选择别人认为你该做的事情，而是真正找到你自己内心认为该做的事情、非做不可的事情。

（3）学会失败

要知道，成功没有捷径可以走，成功的道路上充满挑战，同时也充满失败和挫折。那么我们能不能在通往成功的路上获得幸福呢？能。我们要清楚，努力奋斗不仅是成功的一部分，也是幸福的一部分。

历史上那些有成就的人都敢于行动，像爱迪生发明灯泡就是经过多少次失败最后才成功的。每一次他都对自己说："太好了，我又知道了这个材料不能做灯丝。"爱迪生正是以这样的一种方法，让自己在失败的同时，也获得了幸福，并最终赢得了成功。

（4）接受自己

我们要学会接受自己，包括缺点。当然我们不是在纵容自己的缺点，而是要明白，接受自己的一切，才会真正感受到幸福的人生，也才能看到一个更真实全面的自己。

（5）规律锻炼

锻炼是生活中最重要的事情，每周只要3次，每次只要30分钟，就可以大大地改善我们的身心健康，让我们体会到人生的惬意和美好。

（6）多献爱心

可能我们钱包里的钱不是特别多，但这并不意味着我们没法帮别人。比如，坐在公交车里，让座给一个老爷爷，既不需要你的钱，又不花你的时间，还能体验到人生的幸福，何乐而不为呢？

（7）勇敢无畏

勇敢不是不害怕，而是虽然害怕仍然向前，明知山有虎偏向虎山行，这才是勇敢。勇敢的人也有恐惧的一面，但是我们要接受这种恐惧，继续向前进，只有这样，我们的人生才是幸福的，才是不断进步的！

第三章　家庭亲情的心理呵护

亲情是一种潜藏在内心深处的力量，无论相隔的有多么遥远，都会有一种挂念存在心底；亲情是一首永不褪色的旋律，无论什么时候相遇，都会有一种感动萦绕心头；亲情是一坛陈年老酒，甜美醇香，无论与谁提起，都会有一种幸福驻足心间；亲情是航行中的一道港湾，这里没有狂风大浪，我们可以在此稍做停留，修补创伤，准备供给，再次高高扬帆。

父母是生命中恩重如山的人

在我们的生命中给予最多爱的是父母,给予最多关心的也是父母,给予生命的更是父母,所以毫不为过地说,父母是生命中恩重如山的人。

中国人自古以来就把五伦作为处理人与人之间关系的行为准则,而父母与子女的关系称为天伦,位列五伦之首。因为父母与子女血脉相连,他们之间的亲情无法替代。

1. 认识无法替代的父母亲情

我们自从出生起,父母就牵挂着我们,从此以后父母所做的一切无怨无悔的奉献,莫不与我们的幸福与平安有关,这种无私的大爱一直会延续到他们生命的最后一刻。

不管时代如何变迁、制度如何变化,人性不可逆转,我们与父母之间的亲情不可废止。不可否认,在法律面前的确人人平等。但再完备的法律也难以代替人性和人道,也代替不了亲情,更代替不了教育所必须遵循的内在规律。

想想我们自己出世以来,哪样事不是父母竭尽全力,心血耗尽。我们从小到大,父母为我们所付出的一切是无法用数字计算的。这种无私无畏、无怨无悔的付出，世间也只有父母才能做到。试问哪个朋友敢跟父母比，又有哪个朋友能做到这个程度？对于恩德无量的父母，用一个朋友的称谓是难以概括的。

世间没有什么能比父母与子女的亲情关系更加珍贵。我们只有感恩戴德，恭敬孝顺，才有可能回报父母。不然，当父母突然有一天离我们而去，我们也只有背着沉重的良心债度日了。

我国的法律规定父母有抚育子女的责任，子女也有赡养父母的义务。西方许多国家的法律，没有子女必须供养父母这一条。社会学家认为，中国家庭是双向抚养模式，西方家庭是单向抚养模式。西方家庭的单向接力模式，有人将之比喻为"孩子的天堂、老人的坟墓"。所以也不见得他们就比我们高明。

人人都是父母所生，人人都有老的那一天。"百善孝为先""羊有跪乳之恩，鸦有反哺之义"，这是古训，更是警示。一个美好的社会，首先是一个有秩序的社会。乱了法度，就乱了规矩，也最终就乱了伦常。

我国是文明古国，有博大精深的文化底蕴，这是我们战胜一切困难，走在世界前列的法宝。我们对自己应该有足够的信心，遵从圣贤的教导，创建和谐社会，忠孝仁义、长幼有序就是和谐的保障。

2. 加深同父母的亲情关系

虽然父母与子女有着天然的血缘关系，但是在现实生活中，由于各种原因，很多人不能正确处理与父母的关系。我们平时应该怎么做，才能让自己与父母的亲情更好呢？

（1）主动沟通

每天找一点时间，比如，饭前或饭后和爸爸妈妈主动谈谈自己的工作、学习、同事和朋友，高兴的事或不高兴的事，与家人一起分享你的喜怒哀乐，让父母了解自己的内心想法。

（2）换位思考

不要动不动就和父母顶嘴，多站在父母的角度思考，体谅父母的心情和难处。

（3）尊重理解

有事外出，应主动与父母联系，免得父母担心，要多听听父母的观点，同时也要提出自己的观点。当观点发生分歧时，双方要冷静思考产生分歧的原因及解决的对策。

（4）多些宽容

遇事不必斤斤计较，因为父母是最爱我们的人，也是我们最爱的人。

（5）有错就改

不隐瞒自己的错误，让父母帮助我们改正错误，父母是我们最好的朋友。

（6）创造机会

每周至少跟爸妈一起做一件事情，比如做饭、劳动、打球、逛街、看电视，边做事情边交流。

（7）认真倾听

当被父母批评或责骂时，不要着急反驳，试着平心静气地先听完父母的想法，说不定你会了解父母大发雷霆背后的理由。

（8）主动道歉

如果你做得不对，不要逃避，不要沉默不理，主动道歉，往往会得到父母的理解。

（9）善于体谅

可能错不在你，你有委屈，但是先不去争辩。也许父母过于劳累或工作生活中遇到了麻烦。换个时间和地点，再与父母沟通，会有意想不到的效果。

（10）控制情绪

与父母沟通不良时，不随意发脾气、顶嘴，避免不小心说出或做出伤害别人的事。想要动怒时，可以深呼吸、离开一会儿，或用凉水先洗把脸。

（11）主动帮助

在做好自己事情的同时，主动分担家庭的一些责任，比如，洗碗、倒垃圾、擦窗、干些农活等。趁机还可以跟老爸老妈聊聊天，让他们开心。

（12）讨论问题

学会遇事多与父母讨论，并就如何行动达成协议。例如，父母会担心子女沉迷计算机而荒废学业，如果能就玩计算机的时间和学业的平衡做出讨论和达成协议，问题和分歧便能解决了。

（13）取长补短

毕竟父母由于生活经验和社会阅历比较丰富，对于问题的看法比较全面冷静，处事比较谨慎，生活作风务实。所以青少年应善于发现父母的长处，并在自己身上逐渐培养形成这些优良品质。

如此一来，你不仅能和父母和睦相处，获得有价值的教益，而且也会让他们比较理解你的想法，进而能听取和重视你的意见，尊重你的人格和自由。

尊老敬老是中华传统的美德

"老吾老以及人之老，幼吾幼以及人之幼。"尊老爱幼是中华民族千百年来的传统美德，也是一种普遍的社会要求。尊老不是说空话，需要我们从现在做起，从小事做起，真正养成尊老敬老的习惯。

1. 尊老是亲情的重要体现

尊老敬老是我们中华民族的传统美德，是先辈们传承下来的宝贵的精神财富，也是中华民族强大的凝聚力及亲和力的具体体现。

老年人最大的一个认知特点是：往事历历在目，近景一片模糊。几十年岁月痕迹深深地烙印在他们的心里，过往的苦难与欢乐，让他们沉浸在遥远的回忆中，是支撑他们生活的一个很重要的精神支柱。

而眼前的人和事，他们却绝大部分都记不住。由于长期独居，加上过往的一些不愉快的经历可能给老人留下了心理阴影，大多数的老人性格孤僻、古怪。这就需要我们有加倍的热情和耐心，去融化老人的心结，取得老人的信任。

古代有一个叫黄香的人，9岁就以自己的才华和敬老而闻名。冬天的夜晚十分寒冷，小黄香读书到深夜，父亲叫他早点休息，他却钻进了父亲的被褥。父亲问他在做什么？黄香从被褥里爬出来，说："冬夜十分寒冷，我为您温一温床，好让您歇息呀！"

从这个小故事中，我们看出黄香对自己的父亲是多么孝敬。老人，为社会奉献，为家庭奉献，是知识及智慧的宝库。他们不仅养育我们，还以言传和身教教授我们做人的道理，他们是我们民族的魂。

我们要尊敬老人的生活方式和自主选择，要提供更多的便利，使老人感受到我们对他们的关爱，为老人创造颐养天年的环境，并创造条件使他们体现出新的社会价值和家庭价值，真正做到老有所为，老有所乐。

每个人都会变老，中华民族之所以血浓于水，之所以历经沧桑，生生不息，之所以人情味非常浓厚，尊老敬老是一个很重要的因素。

在家里，许多老人都是先想到我们，再想到自己。所以，我们做什么事也应该先想到老人，再想到自己。我们不仅要尊敬家里的老人，还要尊敬其他的老人。没有儿孙的老人如果是你的邻居，就抽空跟他聊聊天吧！

2. 尊老是必须培养的美德

尊老不是说空话，需要我们从现在做起，从小事做起，真正养成尊老敬老的习惯。具体来说，我们应该怎样做到尊老呢？

（1）奉献爱心

爱心是对长辈无日无夜地关怀，虽贫病交加而不弃，作为子女对老人要无私地奉献自己的爱心。因为老人曾经对社会做出过贡献，又为抚养和教育子女操劳终身，倾注了全部心血。因此，当他们年老体弱、丧失劳动能力时，应当得到社会、子女和家庭成员的尊敬、关心和照顾。

尊重、尊敬、赡养老人，既是社会主义家庭美德的起码要求，也是子女必须承担的道德责任和法律义务。要从精神和物质两个方面奉献自己的爱心。在精神上，多给予关心和照顾。经常与老人谈心，悉心进行心理疏导和交流，及时了解和掌握老人的想法和需求，消除孤独感、怀旧感、退化感，时时、处处、天天让他心情快乐，保持良好的精神状态。

（2）倾注孝心

孝是我们民族的传统美德，是人伦道德的基石，是中华文化的瑰宝。孝敬父母，尊敬长辈，天经地义。古往今来，多少敬老爱老的故事被传为千古美谈。

为人没有孝道也就没有道德，而没有道德的人是不可能忠于祖国、服务社会、热爱人民、做好工作的。

我们要把孝敬老人当作做人的起码准则、道德的基本要求，当作天经地义、理所当然的事情，当作家庭必须做到的美德，把关爱、孝敬、尊重老人当作自己神圣的义务和义不容辞的责任，从自己做起，从点滴做起，从小事做起，从现在做起，在老人在世时，真正做到从生活上无微不至地关心和照顾他们，从精神上亲切热情地安抚和宽慰他们，让他们无论是在物质世界，还是在精神世界里都能够幸福地安享晚年。

（3）做到细心

奉献爱心，倾注孝心，不仅表现在语言上亲切热情，关心备至，让老人心情舒畅；更表现在行动上周密细致，细心照料，让老人感到温暖。

总之，我们要向老人奉献出自己的爱心、孝心、细心、耐心、恒心，让老人安心、放心、开心、舒心、宽心，形成温馨、和谐、融洽、和睦、美满的家庭氛围，实现老有所养，老有所依，老有所学，老有所为，老有所乐，让老人尽情享受儿女给予的关爱和温暖，健康生活，心情舒畅，晚年幸福。

正确看待隔代亲的现象

在接送孩子上幼儿园的家长中，有不少是爷爷奶奶或姥姥姥爷。平时，爷爷奶奶辈对孙子孙女那真是关怀备至、疼爱有加，人们把这种现象称为隔代亲。这种蔚然成风的隔代亲现象，既反映了全社会关心下一代健康成长的淳朴民情，同时也反映出中老年人们宽广的胸怀和真诚的愿望。

1. 了解隔代亲的原因

老年人的"隔代亲"，蕴藏着不少心理学上的道理。其实，我们很多老人在儿女们年少时，并不是不想亲他们，而因忙于工作等而未能顾及；而老人们现生活中大多有相当多的时间，潜在的"爱幼"心理自然会在幼辈身上尽情释放。

小孙辈代表着天真和纯洁，而成人世界中不仅充满着竞争与挑战，而且可能存在欺骗与陷阱。远离社会压力以后的老年人，当然渴望多多接触小孙辈。

小孙辈代表着生命和活力。一个只有老年人和成人组成的家庭，往往显得过分死板或严肃。若有个淘气的小孙儿，虽然需要大人们的细心照料，但他们的童稚也带来了非常多的快乐。

小孙辈行动活跃、爱思考问题。老年人与小孙儿相处时，会因跟随着他们的活动而使身体得到锻炼，也会因跟随着他们的思考而运作头脑，以至忘记心中的烦恼和忧愁，这样可以延缓身心的衰老。处在衰退期的老年人，更愿接近这些充满想象力、创造力和生命力的孙儿们。

老年人的儿女们大多忙于工作等其他事务，没有多少时间陪伴老人；而小孙辈们可以拥有比他们的父母更多的时间，在老人身边做伴。这样最能解除老年人的寂寞和孤独，使他们在精神上得到极大的宽慰，甚至还会焕发起老年人尚未泯灭的童心。

2. 认识隔代亲的利弊

"隔代亲"有一定的优势，也有一定的缺点。具体来说，"隔代亲"有两大优点：

一是对子辈有利。子辈忙于工作，孩子由祖辈教养，得以解除后顾之忧，专心致志于事业。

二是对祖辈有利。不仅可以解除孤寂，从孩子的成长中获得生命活力，还可以老有所为，发挥余热。这种与孙辈的天伦之乐对帮助老人保持健康的心态大有裨益。

尽管"隔代亲"的优越性不少，却也有很多不利于儿童健康成才的"隐患"：

一是会延长"童稚心理"时期。一些祖辈人生经历坎坷，注定了他们对孙辈们的偏爱，这种偏爱在很大程度上属于溺爱。爱得过分，就会阻碍孩子正常心理发育。

二是导致教育的"脱代"。祖辈们的世界观形成于几十年之前，时至今日，他们中不少人对客观事物的认识水平还停留在几十年之前。在与孙辈的亲密接触中，他们的世界观无意中会隔代传播，以至增加孩子对新知识、新事物的接受难度。

三是疏远儿童与父母的关系，导致亲子的隔阂。祖辈爱孙与父母爱子，既有相似之处，也有不同之点。相似的是彼此都爱孩子，不同的是祖爱孙偏于宽，而父母爱子则偏于严。这种教育支点的分歧，很容易导致亲子隔阂。

"隔代亲"有利有弊，处理不适当，就会弊大于利。希望我们年轻的家长能扬长避短，在孩子的教育问题上和祖辈多沟通多商量，获得祖辈的认可和支持，一定能让孩子在祖辈的爱护下健康成长起来！

3. 处理隔代亲的技巧

"隔代亲"有利有弊，这就需要老年人要多思考，多学习，从而达到趋利避害的目的，真正享受到晚年的天伦之乐！

（1）以身作则

要求孩子做到的，自己首先要做到。有时自己做得不对了，允许孩子当面讲。孩子当面指出长辈缺点的时候，也正是加强他养成该方面好习惯、好观念的绝佳时机。

（2）说话算数

答应孩子的就一定要办到，但不要轻易承诺。

（3）多多表扬

看到孩子有了进步，就及时肯定，及时表扬，以巩固他的优点和长处。指正孩子缺点时,要讲究方式方法,让他乐于接受。人人还爱给别人"戴高帽",何况孩子呢!

(4)多多鼓励

面对困难时孩子会胆怯、犹豫,如打针、怕黑等,那就用鼓励的办法解决吧。

(5)疼爱有度

我们一直提醒自己,千万不能一味惯着孩子、顺着孩子,疼爱也要有节制。要让他在家里也要保持在幼儿园培养的良好习惯,自己的事情自己做。时不时给他出个难题,让他受点儿挫折,经历点儿小磨难。

(6)以理服人

讲道理是一味灵丹妙药,对待懵懂的孩子更需要多讲道理,遇事别动不动就训斥打骂。另外,在教他文化知识、生活常识、社会知识之余,再多教一些做人的道理,授之以鱼不如授之以渔。

(7)不要越位

既不越孩子的位,不大事小事包办,也不越孩子父母的位,不当孩子的保护伞,尊重孩子父母的教育方式。鼓励孩子多和父母亲近,不要让隔代亲胜过父子情、母子情。

善于将代沟调整为交流

代沟是指年轻一代与老一代在思想方法、价值观念、生活态度、兴趣爱好方面存在的心理差距或心理隔阂。代沟往往是因为年龄或时代的较大差异而形成的。

1. 了解产生代沟的原因

形成代沟的原因有很多,归纳起来,主要分为生理、心理、社会发展、角色差异等原因。

(1) 生理原因

青少年正处在发育阶段,体力和智力发展迅速,好运动、敢创新,但耐力不足;成年人的身心已发展到最高峰,对人生、社会已有全面成熟的认识,态度和观念也已基本定型,缺少变化。

(2) 心理原因

处于青春期的青少年,自我意识日益增强,有独立思考的要求,他们易冲动、易受他人影响,渴望独立、渴望得到成年人和社会的承认。

而成年人心理上已经完全成熟,个性也趋向稳定,对子女寄托的希望不断升值,他们习惯用自己的生活方式和思维方式去要求子女。

现在,一些子女的青春期与母亲的更年期重合,处于更年期的母亲们很容易情绪波动、精神紧张,再加上繁杂的工作和家庭重负,使她们成为心理负担颇重的"易燃易爆"体。

(3) 社会原因

两代人成长的社会环境不同,适应环境变化的能力也不同。父母的世界观和人生观可能和孩子的想法相差甚远。

另外,两代人适应环境变化的能力不同,社会观念、社会环境、工作性质、生活方式、人际关系等方面的变化,对上一代人冲击较大,他们不能很快适应这个时代的发展,而正处在这个时代的青少年,能很快融入这个时代,能够迅速接受新鲜事物,两代人之间因此出现摩擦。

(4) 角色原因

作为父母,要承担一定的社会责任,需要履行抚养、教育孩子的义务。他们对子女有很高的期望值,希望孩子听话、有出息。

而少年则处于被教育、被保护的地位,他们的要求很容易被忽视,尤其是父母的溺爱常常被他们看成枷锁。

2. 去除代沟的方法

要想一家和乐,去除代沟,需要我们家长做出更多的努力,尤其是精神准备,我们该如何消除代沟呢?

(1)承认代沟

面对代沟,我们不要回避,要迎刃而上。生活中的代沟,其实可以不必计较,所谓萝卜青菜,各有所爱。而思想上的代沟,需要在沟通中进行碰撞,在碰撞中取得个性的共振。两代之间不能伤感情,不然,不但无法沟通,而且会加深隔阂。

(2)及时沟通

交谈是最好、最直接的沟通方式,做父母的应主动创造谈话情境、营造交流氛围,多与子女"以心换心"。这种交谈必须建立在双方平等的基础上,父母最好是以朋友的身份参与其中,切忌用封建家长式的态度,居高临下地训斥孩子,否则会使彼此间的距离感增强。

(3)宽松要求

适当降低对子女的要求。对子女要求过高,会形成孩子心理上的重压,致使孩子把家庭看成"集中营"。家长应争取给孩子创造宽松和睦的环境,不能按自己的好恶和标准来评价与要求孩子。

(4)相互尊重

不要给孩子过分的爱,而要给孩子一片"情感自留地"。青春期的少年渴望独立,对事物具有一定的批判、评价能力,因而不愿事事听命于大人,而喜欢批评、反抗权威与传统。

他们迫切需要得到父母和周围人的尊重，承认其独立意向和人格尊严。过多的保护会使孩子内心烦躁，产生抵触情绪，报复和逆反心理也会日趋严重。

（5）学会接纳

对待子女应学会在接纳、容忍的基础上因势利导。在家庭生活中，家长要学会接纳对方的态度和意见。

这种接纳不是被动的，而是在真正弄清对方的意见和态度是否合理之后，心悦诚服地放弃自己的见解而接纳对方。或者，将双方的意见取长补短，相互融合。

由于涉世不深，青少年看待事物经常抱有理想主义的态度，遇挫折易于沮丧，也易受他人影响，考虑问题片面甚至凭冲动办事，理性不足、是非界限不清。

做父母的要理解孩子的这些变化，及时调整自己的角色，由"权威式""保姆式"的关系变成"朋友式"的关系。

（6）求同存异

如果两代人之间的某些差异极难协调，那么父母就该求大同、存小异，理解、尊重子女的生活习惯、兴趣爱好，绝不可将自己偏爱的某种模式强加给对方。

（7）与时俱进

现代社会，科技日新月异、信息瞬间万变。青少年脑中没有旧观念、旧模式，凭着对新文化的敏感、认同以及接受能力的优势，必然会走在父母的前面。父母应主动学习、与时俱进，力求与子女建立共同语言。

当然，我们不要指望能彻底填平代沟。代际冲突也有其积极的一面，它是社会进步的产物。当然，这需要家长采用恰当方式，与孩子和睦相处，让孩子健康成长。

善于将溺爱变为爱护

做父母的疼爱孩子理所当然，但疼爱不是溺爱，不是一味地娇惯和迁就。当今做父母的大都也知道溺爱孩子有害，却分不清什么是溺爱，更不了解自己家里有没有溺爱。所以非常有必要对这个问题进行剖析。

1. 溺爱不利于孩子成长

溺爱子女是我们当今社会的普遍现象。生活中，我们经常可以听到这样的话："我们的童年过得很艰辛，再不能让孩子经受我们的那些磨难了。""现在条件好多了，又是只有一个孩子，因此，无论如何不能让孩子吃苦受累。"

正是怀着这种想法，做父母的尽其所能地从各方面满足孩子的需求，包括一些不必要的甚至是无理的要求，代替孩子完成一些理应由他们自己完成的事，如做作业、值日扫地等。

尽力把孩子的生活道路铺得平平顺顺的，似乎这样就能保证孩子幸福健康地成长。但是事实上，父母的这种观念会给孩子带来很大的危害。

要知道，个体的成长过程就是自己成为自己的过程，爱是这一过程中最重要的因素。父母给孩子提供什么样的爱，孩子就以适应这种爱的方式而成长。

真爱以孩子的成长需要为核心，在孩子不同的发展阶段给予他不同方式的爱。在0至2岁期间，父母可以给予孩子无条件的爱，因为这个时候，孩子还完全没有自立能力。

在2至4岁期间，我们要尊重孩子自主的探索，但又要在孩子需要帮助时出现在他（她）面前。

父母这种以孩子的成长需要为中心的真爱会让孩子成为自爱、爱别人、有鲜明的自我意识、健康的自主人格和高度创造力的人。

与真爱对应的是溺爱，很多人都有不同程度的溺爱心理。这种看似是自我牺牲的爱，其实是懒惰的爱。

天真、幼小和"一张白纸"的孩子，最需要做父母的经常性地正确教育和引导。但是溺爱成了家庭教育、引导孩子的障碍，孩子常常是在不知道错还是对的心理状态下干自己想干的一切。同时，溺爱使大人不能给孩子以适当批评，不能让孩子明白对与错、能做与不能做、好与坏的区别。

0至2岁期间，父母以孩子为中心，他们怎么爱都几乎不会犯错。但到了2至4岁，父母仍然这样做，甚至直至孩子成人了，他们也仍然一成不变地以这种方式去爱他。最终，这会导致毁灭性的结果。

要么，在溺爱下长大的孩子缺乏自我，他们只是包办式父母的简陋复制品；要么，他们的自我无限膨胀，他们的内心中只有自己，没有别人，并最终成为自己和别人的噩梦。

2. 克服溺爱的方法

溺就是淹没的意思，如果做父母的爱流横溢，泛滥起来，就会淹没孩子，这就是溺爱，当然淹没的不是人，而是孩子的优良性格。现代社会，溺爱已经成了严重的社会问题。那么该如何克服自己的溺爱心理呢？

（1）要有理智

做父母的，没有不爱孩子的，但是在爱孩子的过程中要有分寸、有原则。要能自觉地控制自己的感情，克制那些无益的激情和冲动。

（2）严格要求

所谓"爱之深，责之切"，就是说，父母的严格要求正是出于深切的爱。所以，做父母的不应该受盲目的爱所支配，要严中有爱，爱中有严。

当然严格要求并不意味着父母对孩子动辄训斥打骂，而是要做到以合理为前提。而且，态度也应该是耐心的、循循善诱的。

（3）认清目的

父母一定要清楚，孩子是一个独立个体，是与我们同样的一个人。孩子终究是要离开父母独立生活的，生活能力和自理能力是伴随孩子一生的最基本的生存本领。父母培养孩子的主要目标是让他养成独立自主的习惯。

（4）提供机会

让孩子养成独立自主的习惯，就需要做父母的给孩子独立自主的机会。把孩子应该自己完成的、能够做到的事情，以及他应该承担的对自己、对父母、对家庭、对社会的责任都要还给孩子，给孩子独立面对社会的机会，让孩子成为真正意义上的独立的人。

（5）循序渐进

父母一定要注意，培养孩子的独立自主能力不能过急，要循序渐进，要随着孩子年龄的增长，逐步提出孩子力所能及的要求，不能让孩子做不能做到的事情。

3. 学会爱护的技巧

天下的父母都爱孩子，却未必会爱孩子。过分的关心溺爱，不仅会加重孩子的心理负担，同时，还剥夺了孩子遭受适当挫折、困难和学习独立的机会。父母如何做才是真正爱自己的孩子呢？

（1）不给孩子搞特殊

现在的孩子在家庭中地位高人一等，处处特殊照顾，久而久之养成了自私、没有同情心、不会关心他人等的坏毛病。父母应当视孩子为家庭普通一员，吃水果，先要给长辈吃、然后再自己吃，家里的一切都是大家享用，玩具大家玩，鼓励孩子克己利他、爱人为乐。

（2）不过分关注孩子

不要让一家人时刻都围着孩子转，这样易让孩子养成娇气十足、没有礼貌、任性、"人来疯"等坏习惯。家长不应过分去注意孩子，也不要把孩子当中心话题，鼓励、引导孩子专心做自己的事，不能妨碍大人做事与谈话。对孩子有礼貌表示尊重是必需的，客人来了不要吵闹，要有礼貌。

（3）不有求必应

对孩子的物质要求父母不应满足的就绝不给予满足，当满足的一般也不要马上满足，要让孩子有所等待和忍耐。因为人生的追求，哪怕是一个小小目标也不会是一帆风顺的，积极的人生中，需要等待、忍耐、克服困难和努力争取才能得到。

（4）不放任自流

不要因忙于工作而消极地等待环境的施予，或任凭不良的生活习惯侵蚀我们的孩子。要言传身教，建立良好的规律生活环境、良好的饮食习惯，养成恰到好处的看电视和按时睡眠的习惯。

（5）不乞求孩子

在孩子面前不要有乞求央告的态度，也不要表现出无可奈何的神情。对孩子的教育应当是严肃认真的，要求是适当的，估计孩子能做到，给予鼓励、信任、尊重，语言和语气应当是简短、坚定的，孩子做好了，给予赞许或奖励，孩子不听话，也应有严肃的教育、批评。

（6）不包办一切

在孩子可以自理的时候，父母不要处处伺候、处处包办。这样时间久了孩子会形成依赖心理、胆小、没有自信等。要鼓励孩子尽可能早做力所能及的事，逐步增加孩子的劳动难度，多多表扬孩子，创造劳动的愉快气氛。慢慢的孩子的独立性、自信心就锻炼出来了。

（7）不迁就依从

在孩子哭闹面前，父母要保持平静，说清道理、绝不迁就。既不要一哭闹就依从孩子，也不要打骂和损伤孩子的自尊心，要谈点有趣的事来转移孩子的注意力。

事后父母要给予讲道理和批评，甚至冷淡处理，有时冷淡也是教育孩子听话的有效方法。如此孩子才能变成懂事、明理、能自制和关心人的好孩子。

（8）要统一思想

有时爸爸管孩子妈妈护着，有时父母管孩子奶奶爷爷护着，这样易让孩子是非观念不清、性格扭曲，有时还会引起家庭矛盾。只有一家人统一认识、统一方法，才能把孩子教好。

如果一位家长在教育孩子，家中成员都给予支持，要配合默契。即使某个人教育不当，其他人也不要当面干预，这才是真正爱孩子，要以科学的爱来保护孩子健康成长。

善于分析啃老族的现象

啃老族也叫"吃老族"或"傍老族"，是靠父母供养而自己一直未"断奶"的年轻人。社会学家称之为"新失业群体"。近年来，随着就业压力的增加，以及独生子女逐渐成年，啃老族阵营有扩大之势，成为一种不容忽视的社会现象。"啃老"是一个与家庭不能分割的概念，对此我们有必要认真地做一些剖析。

1. 认识啃老现象的原因

　　一边是劳力劳心的父母，一边是赖在父母怀里不"断奶"的子女，与赡养老人相对应，我们将这种现象形象地称为"啃老"。传统上以经济独立作为长大成人的标志，但现在许多年轻人已成年，有谋生能力，却主动或被动放弃了谋生意愿，依旧靠父母养活自己。

　　据统计，在城市里，有30%的年轻人靠啃老过活，65%的家庭存在啃老问题。啃老族很可能成为影响未来家庭生活的"第一杀手"。

　　啃老族的出现，根源在于家庭教育功能的弱化。家庭本应成为子女的最初课堂，子女的责任感本应在家庭教育中得到生成。而已成年的独生子女，正是啃老族的主要构成人员，他们从小一直被捧着成长起来，养成了任性、缺乏责任感、不能完全独立的性格。

　　当他们步入社会后，不论是在工作上还是在人际关系上，遇到哪怕一点小小的困难和挫折，很多人都会表现出不适应，再次退缩到父母的"羽翼"之下。

　　就业压力是促成啃老族阵营扩大的另一个原因。受长期精英教育影响，大学毕业生就业观念存在一定的偏差，就业能动性没有显著提高，而是盯着"公务员""白领金领"等热点稀缺职位不放，在就业期望值和社会需求之间难以找到平衡点。一旦遇到不如意，他们便退回家里"避风"。

　　面对就业的严峻形势，一些大学生根本就缺乏责任心和自信心，有就业能力和机会也不想就业。在他们看来，不就业可以逃避眼前面临的困难。然而，他们生活得并不如意，前途未卜，生活空虚，所以他们所承受的心理压力比其他人要更大一些。

　　随着年龄的增长和待业时间的延长，他们与社会的交流越来越少，适应社会的能力逐渐下降，存在被职场边缘化的风险，造成更难找到适合自己的工作的尴尬局面。

啃老是他们对生活的逃避,逃避的最终结果,是让他们成为一个废人。问题的严重性绝非到此为止,啃老族,不但影响老一代人的生活,更会影响下一代人的生活,对父辈,他们缺乏赡养能力;对子女,他们无力承担教养责任。如此下去,这就不仅是可怕的家庭问题,而且会引发更深层次的社会问题。

问题如此严重,岂能再等闲视之?解决啃老族的问题,自然是一个复杂的工程。从心理学角度说,关键是两代人共同来积极进行心理自救。

2．消除啃老心理的方法

啃老心理不是一天两天养成的,要真正从心理上重视起来,才能最终取胜。该如何克服啃老心理这个顽疾呢?

（1）转变观念

由于传统亲子观念的影响,父母无怨无悔地为子女倾尽毕生财力、精力,直到子女成年,都无法从这种无条件全方位奉献的惯性中解脱。所以,拯救啃老族,父母首先需要从根本上转变亲子观念,积极进行自我心理调整,真正切断亲子之间的心理脐带,彻底破除亲子一体化心理。父母要深刻认识到,即使亲情再浓,两代人也是彼此独立的人。

（2）调整认知

有些年轻人是由于虚荣心理或攀比心理,而陷于"高不成低不就"的就业困惑中,无奈之下开始了啃老的生活。不用说放弃工作逃避在家者,就是有些盲目考研者也是这样。所以要调整认知,改变就业观念。

年轻人应该深刻认识到,人生之路,首先是生存,然后才是发展,刚刚开始人生,最大的光荣是自己养活自己,最大的成功是自食其力。何况,就社会责任感而言,就业是成年人的基本标志之一。经济上不能独立的人，何谈作为"人"的社会意义，又何谈人生？

（3）挑战自我

如果从心理分析的角度来透视，可以说，不管哪种原因，啃老族的内心深处没有一个人能有真正的好感觉。

因为啃老意味着寄生，作为一个年轻人，过着寄生生活绝不会找到心灵的安宁。因为寄生是一件羞耻和痛苦的事。

年轻人要勇于面对自己的内心，勇于挑战自我，从而激发独立意识，激发自强精神，激发尝试的勇气，进而激发自立的潜能。

（4）拿出行动

其实，不少年轻人内心并不认可在家里啃老。因此，经过心理调整之后，最重要的就是拿出行动了。在行动之前，常常会有一种心理定式，习惯把事情想象得很困难。这就是有些人放弃行动的心理原因。但是，一旦行动起来，会发现事情比想象的要容易得多。

（5）逐步前进

为了减少行动中的困难，最好在行动上采取小步策略，步子越小越容易成功。必要时可以在心理咨询专业人员指导下进行。

比如，第一步是开始承担家务，第二步是勇敢走出家门，第三步是尝试比较容易适应的短期工作，第四步是从事比较长期的工作，第五步再谋求比较理想的工作。在这个过程中，记录下每一步小小的成功来不断自我强化，促使自己在人生的道路上坚强地一步一步走下去。

去除空巢老人心理危机

"空巢老人"就是指子女不在身边，只有两位老人或者独自居住的老年人。空巢老人心理问题十分突出,尤其是在我国人口加速老龄化的今天,空巢家庭的现象也越来越普遍。

目前我国的老龄人口已达1.6亿,并且以每年800万的速度增长,城乡空巢比率分别为49.7%和38.3%。这也就意味着,我国有几千万的老年人要以空巢的方式度过晚年。

没有子女在身边的老年生活无疑是孤独寂寞的、无助的,然而对于很多空巢老人来说,空巢这个事实又是无法改变的。

1. 了解空巢老人的心理危机

子女不在身边往往导致空巢老人心理孤独,从而成为各种心理问题的直接诱因,而中国养儿防老的传统理念是造成空巢老人内心失落的根本原因。

进入老年期,人的各项脏器功能开始衰退,心脑血管疾病、胃、肝脏疾病、关节炎、骨质疏松等各种疾病开始频频"光顾"老人,这使空巢老人产生深重的危机感。空巢老人的心理危机主要有哪些呢?

(1)失落感

失落感是指自认为失去人生价值的一种失魂落魄的感觉。一般情况下,引起空巢老人的失落感的主要原因是生活目标缺失。空巢老人在失去了社会角色、职业角色之后,常常把精力都集中在对子女的关心照顾上。

子女的离去使空巢老人失去了服务的对象和生活的目标,破坏了原来忙碌而有节奏的生活规律。

夫妇俩的空巢家庭还可以相互关心和照顾,从而得到安慰,而单身空巢老人面对着太多的富余时光常常感到难以适应,会觉得精神空虚,无所事事而产生烦躁不安或心情沮丧的情绪反应。

(2)孤独感

孤独感是指一种无依无靠、无奈无助的感受。人类是以社会群体中为基本生活方式的群体，所以，很少有人会喜欢孤独。

空巢老人离退休以后，在社会大环境的生活机会减少，而在家庭小环境的生活机会增加。当子女离家而去，自己面对"出门一把锁，进门一盏灯"的单调生活，每日除了进餐和睡眠之外无事可做，自然会产生孤寂凄凉的感觉。特别是空巢丧偶老人孤独感尤为明显。如果再伴有躯体疾病常可产生抑郁、绝望的情绪，甚至出现自杀企图或行为。

（3）衰老感

衰老感是指自我感觉体力和精力迅速衰退，做事力不从心的感觉。人进入老年期以后，机体的各个系统和器官的功能便随着年龄增大逐渐减退，衰老是一个进行性的、不可逆转的变化。

空巢老人既失去了社会生活中紧张、忙碌的工作环境，又失去了与子女在一起的和谐、温馨的家庭生活环境，特别是那些有失落感和孤独感的空巢老人会产生体力下降、精力不足、记忆力减退、疲乏无力等多种不适的感觉而加重衰老的症状。

（4）抑郁症

抑郁症是一种以显著而持久的心境低落为主要特征的情感性精神障碍疾病。老年抑郁症是老年人群的一种常见疾病。其临床表现主要有抑郁心境、体验不到快乐、无原因持续感到疲劳、睡眠障碍以及食欲减退等。

有调查结果表明，空巢老人的抑郁症患病率明显高于非空巢家庭，而且老年抑郁症是引起老年人自杀的最主要原因。

（5）焦虑症

空巢老人的焦虑症多表现为烦躁不安，紧张恐惧，顾虑重重，有如大祸临头，惶惶不可终日，精神十分紧张；或认为病情严重，不易治疗；或认为问题复杂，无法解决等，即使多方劝解也不能消除其焦虑情绪。可见到患者面容紧绷，愁眉紧锁，坐立不安，搓手顿足，唉声叹气，怨天尤人，常有刻板重复的、无意义的小动作。

有焦虑症的老人常伴有心悸、出汗、发抖、口干等自主神经功能紊乱症状及忧郁或疑病症状。此外，还有睡眠不良、难以入睡、多噩梦或夜惊等症状。

2. 正确应对空巢的方法

随着时代的前进，空巢现象势必日趋增多。空巢老人的心理问题，应该引起包括老人自身在内的所有人重视。

（1）子女关心

对待空巢老人，光有社会重视还不够，关键是子女的关心与爱护。子孝父心宽，子女对老人经济上给予支持，物质上给予保障，生活上给予照料，精神上给予慰藉，是心理救援的主要内容。

作为子女不但要尽好经济赡养的义务，更要重视精神赡养的义务。特别是长年在异地工作的子女，即使再忙，也应常回家看看，这对空巢老人是一种很好的心理救援。

（2）亲友帮忙

亲帮亲、邻帮邻是我国各族人民的优良传统。我们主张与人为善、与邻为善，邻里间要从做好事出发，帮助空巢老人购物、买菜、扫地、抹桌，陪伴老人看电视、聊天、散步等，甚至陪伴老人去看医生。

（3）心理自救

常言说得好："求人不如求己。"发挥自己的主观能动性，进行心理自救，是十分必要的。

空巢老人要充分认识到，培养子女是父母的义务。子女长大成人、成家立业，有属于他们自己的一片天地。过分去依赖子女，父母会失去尊严,同时也会影响他们的生活和工作,甚至造成小家庭的不和睦。

在人与人之间,我们应宽以待人、严于律己,对子女更应如此。我们要体谅他们培养下一代的劳累,多帮助他们一些,也是老年人最大的乐趣,千万不能以"我是生养你们的"为借口,要求回报,过分讲究享受。

另外,融入社会也很重要。离退休是人生一大转折,需要重新认识自己,重新正确定位。投身到社会中去,关心社会,发挥余热,做一些力所能及的事情。

上老年大学不失为一种好的选择。应当广交朋友,互相关怀,喝茶聊天,结伴旅游,积极参加各种文体活动。总之,老年人更要自得其乐、助人为乐。

第四章　恋爱情感的心理自制

所谓恋爱情感的心理自制，简明地说就是爱情心理学，它是研究男女恋爱中的心理现象及其发生与发展规律的科学。

爱情的现象可以去理解、可以去描写、可以去解释、可以去研究，但爱情的美只能在感动中得以体会，那是一个充满了想象与超脱现实的生命经验。

爱情不仅受社会、思想伦理等因素影响，也受许多复杂心理因素的制约。对此，人只有拥有美好的爱情心理，才能领悟和把握真正的爱情，才能使爱情闪耀出美丽的火花。

过分的单相思会导致心理失调

单相思是指男女之间只有单方面的爱恋思慕，也指双方中只有一方有相爱的愿望或热情。单相思也是很多人都经历过的一种心理状态。单相思算不得病，但过分的单相思会导致严重的心理失调，成为心理疾病。

1. 认识单相思的危害

单相思常是我们初恋的触发点。

青春期发育的初始阶段，男女青少年情窦初开，常常选择生活中或影视中的异性杰出人物作为自己仰慕、追求的偶像。在这个阶段，单相思可以说是少有顾忌的并带有很大的盲目性，非常容易产生心理问题。

单相思具有非理性化的倾向，单相思者总是一厢情愿，全然不顾对方的感受，颇像自恋型人格的某些特征。事实上，单相思的苦恼来自单相思者自己的怯懦与幻想。每个人在恋爱之前总有那么一段单相思，可大多数人要么直接求爱，要么认识到这种爱的不切实际而转移方向。

但是患相思病的人却会把自己淹没在苦海里而不能自拔，而他们所爱的人对此却一无所知，这便是酿成悲剧的真正原因。如果他们早一点表白的话，好多单相思者会有猛然清醒的机会，而不至于走上绝路。

单相思患者喜欢沉迷于幻想之中，他们在恋爱中较少采取切实有效的行动。他们的幻想中有夸大对方、贬低自我的倾向，这是不良的思维方式。

2．单相思的心理调适方法

其实同龄人差不多都有可能正在单相思。如果你是处在一种淡淡的、甜甜的单相思中，这是很正常的，并不是一种病，这里需要改变的是被单相思搅得天翻地覆的那种状况。我们最终要达到的目标并不是要你完全断绝单相思，而是要把单相思控制在一个适度的范围内。我们应该怎样进行心理调适呢？

（1）向密友诉说

如果你已被单相思折磨得万分痛苦，你最简捷和安全的选择就是，将心事告诉你的密友。你的朋友会帮你出谋划策，甚至告诉你他的单相思故事呢。这样，你会感到自己在相思路上并不寂寞。

不管你朋友的谋划对你的爱情有没有帮助，能倾吐一下心中所郁积的爱意，把自己的焦虑和忧愁与你的朋友分担，你会感到轻松。朋友的劝导、安慰会在你的内心自然构起一个新的兴奋点，你的感情也会向这新的兴奋点分流。

（2）多参加运动

运动能够消耗部分郁积于内心的能量，从而使人意气风发、情绪高昂，获得自信与自尊。

（3）大胆表白

如果你处在恋爱的年龄，向意中人明白地表达爱慕之情是摆脱单相思的直接方式。一般来说，单相思者的意中人多是出类拔萃者，所以我们可以推想他们大多很理智。

当你向意中人直接表达爱慕之情后，对方可能会接受、劝慰、拒绝或者漠视。

如果对方接受你的爱当然是最好的，如果对方找出种种缘由劝慰你放弃，你就知道你们情缘已尽了，但交个普通朋友对方是不会拒绝的。这样，你单相思的苦恼也可解除不少。

如果对方拒绝了你，你可以大哭一场，或大怒一场，这对你来说也是人生必经的一次磨炼和情感体验。美梦惊醒的那一瞬间虽然痛苦，但你很快会发现这也并非世界的末日，吸引你的事情还会不断地出现。

如果对方漠视了你，不理睬你，你应该对自己说："他根本不懂得爱，一个完美的人怎么可能对别人的爱慕无动于衷呢？"你尝试用批评的眼光去扫视你的崇拜对象，会发现这也是一种非常有趣而且有用的体验。

3. 摆脱单相思的烦恼

由于恋爱与思恋是两厢情愿的事，单相思者常常为此而陷入极其难堪、苦闷和烦恼的境地，不仅影响学业、事业，而且影响身心健康。那么，如何摆脱单相思的烦恼呢？

（1）树立正确的恋爱观

要正确认识恋爱是男女双方两厢情愿的过程，检查一下自己是否产生了期望效应。同时要对自己单方面的思恋加以否定。俗话说，"强扭的瓜不甜"。爱情是不能强求的，更不能去乞求。

（2）去掉不良的欲望

人往往在暗恋上别人以后，总是难以忘掉，工作无所适从，生活无规律，从而影响学业、事业。还会不时产生一些不良的行为或欲望，我们必须树立崇高的方向，消除单相思的烦恼，使自己有利于社会和本人。

（3）要学会宣泄情感

单相思后不要把痛苦长期埋在心底，独自品味，使自己长期陷入单相思的苦闷和烦恼中，从而影响身心健康，而应找自己的亲戚朋友倾诉一下心中的烦恼和痛苦，以减轻自己心灵上的负荷。

（4）学会转移注意力

自己一旦陷入单相思的苦海中时，就应用意志尽快转移情感，寻找新的情感依托，以此淡化单相思的痛苦。要设法将自己从爱的沉溺中摆脱出来，如参加一些集体活动、看看电影、旅游等，使自己的注意力由对方转移到其他活动上来，就会逐渐使记忆淡漠，而摆脱单相思。

对于你与对方的关系，可冷静而现实地思考一下，双方在文化、性格、志趣、修养、相貌、年龄及家庭等方面是否相适应，自己的选择是否符合实际，要让自己换一个角色来看待这些问题，这样，你很可能会发现自己的单相思是多余的。

用理性的眼光看待一见钟情

一见钟情，是指男女之间一见面就产生了爱情。钟情男女初次相见，除了对对方良好的学识风度、优美的身体仪表、得体的进退谈吐等外部人格特征表示接受、欣赏外，异性交往在审美标准上的"生理效应"也是激发情感的重要因素。

在文学作品中，一见钟情是富有戏剧性、充满浪漫诗意的主题，而在报刊中，我们更多地看到的是关于一见钟情结苦果、酿悲剧的警世故事。

社会的婚姻指导也常以此来告诫年轻人恋爱要慎重、理智，那是因为一见钟情往往凭借直觉，是盲目性较强的心理吸引，而这种在瞬间萌发的恋情虽可撞击出炽热的火花，但并不都可靠、持久。

1. 了解一见钟情的原因

无论男女，都会把自己最满意的异性特征储存在大脑中，并不断修正和补充，随年龄增长越来越具体清晰，最终形成爱的图谱。

一个偶然场合，你和对方相遇，第一次目光相触，你捕捉到的对方身高、体形、眼神等信息，通过视神经传递到大脑，对方的特征与你所储存的爱之图谱越吻合，大脑的反应就越强烈，并最终给你一个明确的判断："我要找的就是这个人。"

人和其他动物一样，能分泌一种外激素，从而产生具有个体特征的气味，这种气味和汗液混在一起，从人体皮脂腺开口处分泌出来。

科学家发现，一个人的气味，有的人闻得出来，有的人就闻不到，有的人觉得好闻，有的人则相反。

寻找配偶的过程中，味道起着十分微妙的作用，如果你突然间闻到了，哪怕只是微弱的气息，也会引起强烈刺激，并立刻改变你的情绪状态：如果觉得对味儿，就会产生想靠近对方，想在一起的冲动，而这种一时的冲动，或许就是所谓的一见钟情。

有些时候，一见钟情往往喜爱捉弄生活不太如意的人。如果你总在期待一见钟情的发生，说明你的生活圈子过于狭窄，情感生活单调或有所不满。这种一见钟情，很可能是寂寞或发泄的代名词。

而在生活状态或两性情感发生很大变化时，也容易产生一见钟情。不过，这种一见钟情，也很可能只是我们受伤后安慰自己的心理补偿，或只是想要报复对方而自觉可以接受的一个借口。这时候，就需要平衡一下现实生活，冷静看待一见钟情的可靠性。

2. 认识一见钟情的可靠性

在爱恋方式的选择上，我们的一些朋友由于这样那样的原因，对一见钟情的婚恋模式抱有特别的好感，个别人甚至守株待兔般地等待对方的出现。那究竟一见钟情靠得住吗？

首先，当你邂逅一异性时，对方的容貌、风度、谈吐等外在形象和气质唤醒了你潜意识中的完美偶像，使原来朦胧的潜意识清晰起来，与现实中对方的形象符合，于是便自然而然地进入了美感共鸣状态，产生了一见钟情的惊喜。但现实生活中也不乏凭这种所谓的首因效应而看错人、对错象的。

其次，一个人的外表美、气质美往往为他套上一个五彩缤纷的光环。然而，这种光环效应的可靠性是个未知数。

暂时相信一见钟情的感觉，这对于挑剔爱情和婚姻的现代男女来讲，并不是一件坏事。

但也要相信自己的第二眼，因为第一眼附带了很多心理和想象的自发性，感性多而理性少，所以，有所保留的试探性态度，以及事后的观察和考验也很关键。

因此，如何使一见钟情的偶然性演绎为幸福婚姻的必然性，对于青年人来讲尤为重要。

由于大多数年轻人在恋爱时未必能把握成熟的择偶标准和审美情趣，有的甚至在青春期就懵懵懂懂地坠入了一见钟情的潜网。因此，需要给自己泼点冷水，以时间来深化彼此的了解，全面考察对方的内在品性，尤其对不利条件和缺陷要有清醒的认识。我们要知道，婚前的感情基础尤其是对未婚对象缺点的了解，与婚姻质量具有显著的正相关。

假如你已成为一见钟情的俘虏，不必惊慌、担忧，因为这毕竟是一种美好的经历和缘分。但同时也不要为对方的外在美蒙蔽，而要多一些理智和清醒，少一些"情人眼里出西施"的幻觉，在双方的互动中增进沟通、融合个性，以便做出更好的选择，避免一时冲动的草率结合。

理智地看待网恋问题

网恋，即网络恋爱，指男女双方通过现代社会先进的互联网媒介进行交往并恋爱。

就网恋来说，由于具有一定的虚拟性，所以它在促成未婚男女结合的同时，也往往成为夫妻分手的重要原因之一。并且网恋导致婚外情，造成夫妻感情破裂的案例也正在逐年渐加。

1. 了解网恋流行的原因

网络让我们与陌生人相识，就算天各一方，也因为网络的神奇而变得没有距离感，而我们的世界也因为有了网络而变得更精彩生动。

几乎所有上网的人都会感叹着网络的虚幻缥缈，几乎所有的人都曾抗拒网恋的魅惑，但多数的人却又经不起这样的诱惑，被网络的神秘所吸引，而人的情感也会随着对它的依恋而牵动。

可见没有坚不可摧的情感，当一些莫名的心绪从心头滋生，当一些扰人的感觉在心底蔓延，就算是自以为很有理智的人，也有迷糊崩溃的时候，会被一种曾经不屑一顾的感觉所滋扰，会被一份被无数人证明是虚幻的恋情而悸动。

而这些心动或许就是在不经意中产生的，让人防不胜防，等到发现时已经措手不及，徒然让自己陷入更迷惑的状态中。

现实生活中，很多人都戴着虚假的面具，很少在别人面前流露真情实感与内心想法，缺少倾诉的生活让许多人觉得身心疲惫。

而在网络世界中，我们对着电脑，少了许多的压力，可以抛开所有的伪装，在这里用坦然的文字与人进行交流，这样的交流又让心与心的距离拉得更近，在情感的世界中毫无保留地释放着自己的心情，给了我们一个真实的空间做回自己，让心情与梦想跟着音乐一起在这样真实的空间里放飞。

也许生活中的你，面对你喜欢的人很难将"我爱你"三个字轻易启齿，但在网络中，你却可以大胆地喊出来。你可以在网上给你喜欢的人献花，送上你的亲吻与拥抱，你也可以给你心仪的人写情书，求婚甚至来段网络婚姻，所有这一切，虽然都是虚拟的情景，但人的感觉却是真实的，与现实中的恋爱一样也有酸甜苦辣。

也有人会说这些都是一时冲动，就算在网上把所有的事所有的话都做了说了，到最后又分开了，也不用承担任何责任，所以网恋只是一场游戏。

网恋有让人心醉的美，网恋让有的人痴迷不悔，网恋让爱情多了几分浪漫，网恋让生活多了几缕糊涂的美丽，但不管怎么说，网恋再美，也总是太虚幻了。因此，很多时候，对很多人而言，网恋都是来也匆匆去也匆匆。

网恋的美丽浪漫，让上网的人拥有了一份虚拟空间的网络情缘；网恋的诱人与独特，又让流连网中的人多了一个致命的陷阱，在其中沦陷迷醉。网恋的花虽然开的艳丽，结果的却很少，这是让身陷其中的人最痛苦的事。可人又都是有感情的动物，还是要正确对待网恋，不要奢望，不要伤害，不要轻易释放内心的情感，也许是最好的。

2. 认识网恋的危害

网恋的魅力在于网络的虚幻，而网恋的危害也恰恰在于其虚幻，网恋的危害有哪些呢？

（1）摧毁婚姻

婚外恋在现实生活中，受到社会主流价值观的批评，但是网络的隐蔽性为人们提供了相对自由的空间，因而逐渐成为婚外恋的主要途径。

网恋使潜伏的婚姻问题长久得不到解决，对婚姻的伤害是长期的。跟其他形式的婚外恋相比，网上婚外恋对婚姻的毒害是慢性的。

（2）人情变异

网恋使恋爱中的人忽视了身边亲人的喜怒哀乐，整日里只是呆头呆脑地等着那个头像的闪动，淡漠了家庭的天伦之乐。

（3）现实脱节

网恋使恋爱中的人沉醉于网上，无暇与身边的同学同事朋友进行沟通，任何新朋旧友再也无法占用你宝贵的时间，少了另一份欢乐与愉悦。

（4）荒废学业

网恋使很多青少年因之而荒废了自己的学业，也使很多成年人因此而荒废了自己的事业。

（5）损害身体

人不是蜘蛛，可以不分昼夜地整天趴在网上，如果变成蜘蛛那么恋网，身体将会受损。大脑发达，四肢萎缩，颈椎病、眼病、皮肤病、鼠标手、佝偻状，活脱脱一副现代人的病态。

（6）上当受骗

在网上，除了人不是真的，剩下几乎都是真的。当然，骗子也是真的。媒体报刊不止多次报道网络骗子、金融诈骗、电脑黑客、网络间谍等。

利用网络谈恋爱本身不是坏事，关键是如何回避其中的风险和危害。与其他恋爱方式相比，不见面的网恋很容易被表面现象所迷惑，坏人利用网恋实施犯罪的新闻屡见不鲜，年轻人网恋一定要多留心眼。

正确看待追求的主动与被动

恋爱是男女双方两个人之间的事，但相对来说，总存在着一种主动与被动的关系。在传统的爱情生活中，广大女性一直处于被动的局面。可随着时代的发展，当今已男女平等，女性应该和男性一样有追求爱的权利。我们千万不要由于顾及自己所谓的什么女性的矜持含蓄，而白白丧失良机。要知道，好男人什么时候也是稀缺资源，先下手为强吧！

1. **懂得把握男人的心理**

在爱河中的女性，认清你面前的男人很重要。记住以下这些观点，对你会有很大帮助。

这个世上没有完美无缺的男人，完美无缺的男人是小说里的。但世上确有数以千计的实实在在的男人。

喜欢刺激的男人可能使女性痛苦。这种男人不知道温柔体贴，总是粗暴、激烈、专横。这是因为喜欢刺激的男人下意识地想惩罚女人，觉得女人是男人的附属品，这种男人恐惧因交流感情而产生的紧密联系，对真正的亲密心怀恐惧。

女人改造男人的愿望终将落空；女人的愤怒将使男人打退堂鼓；绝不会有男人能赋予女人自尊。

许多好男人都被忽略了。男人品格之中最优秀的部分一般在最后一刻显现。那些初看起来十分吸引人的男人也许在开始会有种"新鲜感"，然而他们常常无法给予女性足够的情感。

女人的期望越少越好。男人对隐藏性的期望十分敏感，过多的假想足以扼杀彼此的关系。

聪明的女性不会等待好运，而是去创造好运。聪明的女性将在不奢望的情形下享受爱情。

如果你有意让男性知道你喜欢他，他一定可以感觉得到。这种温馨和接受是促使"化学作用"加速进行的催化剂。

多数男人都需要女人。他们渴望一个倾诉的异性对象，渴望一个能使他们感到如释重负般自在而又不遭到批评的女人。

男人渴望一点约束力。若说男人不喜欢被约束于某种关系上，那是神话。由他们的表现看来，他们确实需要这份约束。聪慧的女性为什么不以最后通牒来提醒他们呢？

当我们对对方没有十足把握，不敢掉以轻心的时候，往往是感情最活跃的时候，所以保持一点神秘感有益无害。

2．用心编织柔情网

如果你刻骨铭心地爱他，不要只是辗转反侧，整夜无眠，聪明的女人总是会退而结网。那么怎么才能编就一张无穷无尽的情网，把心爱的他罩在网中央呢？

（1）善于巧妙进言

如果他有睡懒觉或咬指甲的习惯，偏巧这种行为是你难以容忍的，那么你在劝他纠正时，在言辞方面必须格外小心斟酌，免得伤害到对方的自尊心。反之则适得其反，他还要给你一句："关你何事！"岂不是惹了一肚子气。

你不妨以交谈方式，在无意间流露自己的观点，或家人中也有相同的毛病，不直接将他牵扯进去。以这种方法来引起他的警觉，才是聪明的你应有的机智。

（2）别轻易展示攀比心

女人自古便有攀比的习惯，若将这种攀比心理带到情场上，便是拿自己的男朋友和别人的男朋友比，言语之中，对别人的男朋友充满羡慕之情，仿佛自己男友无能之极。

男人自尊心极强，尤其是对这类敏感的话题，他听得多了，便会受不了，只好跟你说再见喽。

（3）尽量不提前男友

闲谈评论前男友，一是说过去的男友不错，二是说他一塌糊涂。而任何一种答案，都会令现男友不快。

你要说过去的男友不错，他会想："既然如此，你为何不与他重归旧好？"或你说过去的男友一无是处，他会想："是不是全是他的错？我不和你来往，你也会在背后如此说我吗？"

因此，当现男友问你过去的恋人情况时，你不要多做评论，要淡然应对。

（4）关键时刻给面子

在众目睽睽下受人指责，必定颜面无光。尤其是天生爱面子的男性更是如此。他定会大怒拂袖而去，而你也会被他打入"冷宫"。

你不要直接指责，利用疑问口气来提醒他注意即可，例如"……不是这样吗？"这种方法除了能顾全他的面子化解难堪外，还能维护男友的自尊心，不是两全其美吗？

（5）正确处理约会迟到

当你和他约会时，万一你迟到了，唯一应对的办法，是轻轻地说一声

"对不起"。

如果是他迟到了,即使你已经等得不耐烦,也不要一句话不留就愤愤走开,哪怕只留下一句话,也免得他过分难受和太过自责。

留下一个纸条,这要依你的约会地点而定,告诉他,"我等了你很久,不知你是否赴约,只好先走了,请打电话给我"。也许因为这个简单的留言,他将会更喜欢你。

(6)少往他单位打电话

如果不是什么急事,尽量不要打电话到他单位找他,这是应有的礼貌。在他工作时,常常接到女朋友打来的电话,会影响周围人对他的评价。

不过,你们假若今晚有约,你有急事要突然改期,那么该改则改,不要在电话中相互商量。

你可以这样说:"我今晚突然要加班,明天还是在老地方等你,好吗?"由于尽可能缩短了与他的交谈内容,只让他说"好"或是"不好",这不就免去了他许多支支吾吾和不必要的紧张。

(7)学会"装傻"

一般的男人对事业或工作,都有着强烈的自信和自尊心。如果你和他兴趣相同,或者是同搞一个门类,你似乎还高他一筹,千万记住,不要得意忘形地在他面前自吹自擂,一旦使他的自尊心受到伤害,那么下一个受伤的就一定是你了!

此时,你不妨做出一副天真无邪的样子,让他畅所欲言,适时地点一点头,让他感到一种女性的温存与体贴,你留给他的印象一定是非常良好的。

(8)不让你爱的人轻易受伤

当你感觉到气氛不对,仿佛即将爆发一场"战争"时,不妨先按捺住自己的性子，不要剑拔弩张，想在这种状态下做个了结，后果将不堪设想。

你这时应该给自己一段时间，让激怒的心情冷静下来。经过一段冷静又理智的思考后，就不会认为全是对方错，并可在思考中寻求更好的解决办法。

一定要记着，你们若是真心地爱着对方，就不要让你爱的人轻易受伤。

（9）别让他为陪你逛街而烦

对男人而言，女人逛街实在令人费解，并觉得陪女人购物是索然无味的事。然而某些懂得体贴的男性，为了讨女友的欢心，不敢露嫌恶之色，勉强硬着头皮陪伴。

若你不明白他心中不悦，而兴致勃勃地一逛就是几个钟头，他则会感到无聊透顶。因此，当与男友逛街时要明确买什么，不妨说"今天陪我去买双鞋吧！"或说"只要花半个小时就行了！"

这样使他觉得有目的地逛街，便不至于太痛苦。买东西时，不要只顾挑选东西而忽视了他的存在，偶尔也征求他的意见，相信他会高兴地向你提供意见。

（10）责备一定要温柔

如果责备的技巧欠佳，对方可能一气之下掉头离去。所以你一定要显示出是为了他好才责备他的，你可以说"这一点也不像你做的"或者说"如果你能在这方面改正的话，会成为更完美的人"。

不要高声大嗓，会让男人觉得你把他当小孩子来训，自然会心生不满。应尽量压低声调表现出闷闷不乐的样子，而且责备的话也不要多说，一句落地有声的责备词就能达到效果。

责备后不妨加上一句友爱的话，像"唉！谁让我喜欢你了呢！"或者"跟别人可别这么任性喔！"这类话才有弥补作用。

（11）失意的时候给他安慰

聪明的女人在与男人相处时，经常会在交谈中听出一些弦外之音，或许是对工作的抱怨或许是同事间的烦恼，或许他的事业出了问题，或是惧怕失败时，他的忧虑绝不是表面的。聪明的你应善解人意地为他设置一个心灵的休息空间，一个男人一旦认定某个女人会理解他或帮助他时，他绝不会往其他方向去另寻目标。

每个人都希望寻求一个稳固点，不论是事业上的问题，还是其他方面的焦虑、不安或脆弱，男人对于女人的敏感和接纳是心存感激的。因此互相的体贴可以说是亲密关系中最美好的礼物。

（12）尽力讨好他的家人

你要和你所爱的人向更深一层关系发展，除了爱他本人之外，还应该向其家人、亲友付出你的爱心，而不应该将自己的感情专注在他一个人身上，而忽略其他人。其结果往往事与愿违，最终可能会失去他的心。

你在拜访他家时，应进一步与他家人接近，进行礼貌而主动的谈话，同时也了解他的生活环境。经过此次拜访后，不妨带些小礼物送给他弟弟妹妹，或备一些别致的礼物祝贺他们入学或生日等。这种体贴的心意，有时比你把感情专注于他还来得有效，更能紧紧抓住他的心。别忘了"爱屋及乌"这句话。

如果你要赠礼物给他，有一个高明的技巧，不要在开始碰面时就交给他，应在临别时拿出来，吊吊胃口，给他一个甜在心头的喜悦，是不是很浪漫……

消除花心才能得到真爱

花心是指对爱情不专一，即男人常常不能将一颗心完整地放在一个女人身上。男人的花心不仅和道德有关，事实上它更是我们的一种心理疾病，只有克服了花心心理，才能会有自己的真爱，并享受美好的生活。

1. 认识花心的原因

造成花心的因素很多，如有些人一旦体内的后叶催产素等激素水平消退，就会通过另寻新欢再次获得刺激源，从而享受激素高分泌带来的极度愉悦兴奋，这是一种生理原因。

但是造成花心的，更多是心理问题。

花心的人内心是空的，像个有磁力的无底黑洞，不断地需要外在的事或物来填充，但总也填不满。与一个人的地位、金钱、名誉是否高低无关，只是这些外在条件会创造更多的机会去不断地换人。

花心的人并不知道自己到底想要什么？没有安全感，对未来充满担忧。花心的人缺乏自信心和自尊感，缺乏内心力量，总是希望得到更多的赞扬、尊重、认同和肯定。多一个女人崇拜自己，就多一份自信。

花心的人不想承担对他人的责任，采取逃避的行为方式，不断地变换是另一种逃避。花心的人什么都想要得到，不肯放下，不停地追逐所谓的"更好的"。花心的人在心理上没有"断乳"，没有剪断"精神脐带"，还没有完成心理年龄的成长，成为一个真正独立的心理成熟的人。

花心的人患有心理疾病，因为他们在原生态家庭中童年曾经的心灵创伤没有得到及时的治疗，这是常被父母和家人所忽视的心理误区。

如有些人的父母太优秀了，他们自然会对子女具有更高的厚望。也正是因为父母太优秀了，他们也一般不会轻易地表扬子女。

这样一来，他们在儿时，很不幸地失去了父母的客观评价，这会使得他们无论在外人眼里多么光鲜，但内在的自我价值感却很低。若在现实中不能通过正常的渠道获得成就感，就很可能通过其他旁门左道，如不断地追女友，从而闹出点事来，以吸引人们对他的注意。

还有随着年龄的增长，不断地成熟，作为一个男人，他们会开始渴望自己是强者，而反感别人的保护。征服新的女生，被小女生崇拜，给了他们自己是强者的极大心理满足。

这些心灵创伤一直伴随着花心的人，靠这样的行为防御方式，让自己获得虚假的自信和尊严，戴着一个越来越厚、越来越硬的金属面具在人生的长河中无奈、迷茫地行走。

别再花心了吧，因为那样只会让我们受到更多的伤害，同时更会伤害到别人。我们一旦有了真爱，也就找到了自己人生的真正幸福。

2. 克服花心的方法

花心的男人是最孤独的，因为他们从来不知道约束自己的行为，他们像一只气球，随风乱窜，表面上很风光，身边时刻有女人相伴，背地里比谁都孤独，因为没有属于自己的真感情。该如何克服自己的花心呢？

（1）认清危害性

不会有好女人在冰箱里为花心男人留下最冰凉的饮料，不会有好女人在花心男人出门时叮嘱"开车要小心哟"，不会有好女人一遍一遍地为花心男人热好饭菜等着回来共进晚餐，不会有好女人扑在花心男人怀里撒娇，不会有好女人为花心男人的身体健康担心，不会有好女人把花心男人的头放在自己的怀里为他轻轻拔取那几丝白发。

花心男人只有在夜深人静时，数着自己的战利品，以为女人玩得多，不枉来这世界走一趟，那绝不是炫耀，而是一种悲鸣，找不准自己位置的无可奈何的悲鸣。

（2）培养道德感

虽然男人花心有生理和心理上的根源，但是在社会化的过程中，他们会慢慢被符合社会规范与道德等因素所同化，这就是说，品格与道德是可以控制男人滥情的。

如他们可以多看一些正面的爱情电影、故事，可以让他们的思想受到良好熏陶，在花心的时候，他们自己就会受到良心上的不安，从而达到克服花心的目的。

（3）培养责任心

要知道，自己不是小孩子了，一定要对自己的一切负责任。爱情不是游戏，花心本身就是一种不负责任的行为，这不是男人应该有的。

（4）要适当压抑

有可能你心里面一直还有喜欢的人，但是却不能在一起，所以需要找其他人宣泄压抑的感情，这种情况你要适当地进行压抑。

（5）要学会宣泄

花心往往与你找不到正常的宣泄渠道有关，你把精力都放在了不断变换女朋友上面，其实你可以做的事情还有很多，如经常参加运动，让自己变得更强壮。

（6）选择喜欢的

如果你属于那种不甘心吊死在一棵树上的人，想通过花心滥情这样的方式得以新鲜感的话，可以选择将注意力放在自己相对比较喜欢的人身上。

（7）用友情代替

若你是特别容易被异性吸引的话，可以通过将精神放在与朋友的交际活动上大幅度地降低被吸引的概率。

（8）更高的追求

可以通过提升自己能力的方式，让自己的精神得到更大的满足。比如把工作、业务搞得更好一些，人际关系更好一些，这样也能有效地克服花心。

将爱情带入婚姻的殿堂

爱情是一个最美妙的词汇，千百年来，有多少人苦苦追求，有多少人为之痴迷。为了爱情，人们踏上恋爱之旅，向着更美好的境界迈进。

客观地说，恋爱就像过山车，有高峰自然就有低谷。可是我们总是喜欢把恋爱比喻成一条直线，由堕入情网开始，然后迅速进入快乐的同居时代，最后到达婚姻殿堂，从此过上幸福的生活。事实却往往不是这么简单，从爱情到婚姻还有很长的路要走！

1. 爱情过程的考验

恋爱之旅往往不是一帆风顺的，任何事情都会导致关系破裂。每当你的激情不再，或者是无法容忍男友的缺点时，你会觉得他一无是处，你甚至会想到分手。恋爱就像一个圆圈，遇到低谷是不可避免的，也是正常的。恋爱中的反复是再正常不过的事情了，能经得起考验的才是真爱。只有两个人共同度过这些起起落落，才可建立稳固的关系。

（1）完美的高峰

当你刚刚堕入情网的时候，就像飞到一个乌托邦星球，那样一个截然不同的世界：他讲的笑话总是那么可笑，每一顿与他共进的晚餐都是绝顶的美味，和他在一起的日子总是那么幸福。你总是魂不守舍，你愿意全身心地投入。你可能会认为这种感觉不可思议，事实上，心理学家的解释就是：这是爱情荷尔蒙的作用。

当你真正爱上某个人的时候，你会感到神魂颠倒。这是因为你的身体里产生一种荷尔蒙。在你和他交往的前3~6个月时，每次见到他时你都会兴奋异常，你会毫不在意他的缺点。

人类学家的调查显示：在热恋时期80%的女性都会记得男友做过或说过的每件小事，而90%的人经常会想入非非。

（2）面临的冲突

3~6个月的热恋期过后，爱情不可避免地会趋于平淡。从心理学角度来讲，这是因为你的负担过重，由于长期兴奋过度，大脑无法适应。这时你会想到他的种种不好，你也不再在蛋糕上写他的名字了，你还会突然发现更愿意自己一个人睡觉。

在神魂颠倒之后，你肯定会开始怀疑他是否真的适合你。这一阶段是不可避免的，只有度过这一阶段才可能与他保持长期的关系。在遇到挫折的时候，不要灰心丧气，而要把它当成是一个跳出误区的机会。

在几个月的狂热之后，他和你慢慢平静下来但是他仍然非常吸引你，你们在一起将不再仅仅依偎缠绵，你们会发现你们俩原来都崇拜某某某，都讨厌看电视剧……你们有许多共同之处！

所以这样看来，兴趣降低并不是一件坏事，反而会使两个人关系更亲密。进入他的生活，这样你才可以更好地了解他。别总是过二人世界了，把他介绍给你的朋友，和他一起出去吃饭、喝酒，或去见双方的父母。

（3）快乐并幸福着

在恋爱关系保持半年到一年后，你会发现你们已经进入一个非常平和的时期。渐渐地，你不会因为他不够完美烦恼了，因为你也不是完美的，而他并没有因为这个而减少一点点对你的爱。

当你觉得幸福而安逸，并对你们的关系非常满意时，不要有丝毫的放松。你可能会想当然地认为，即使你不经常陪他或不对他表达爱慕，也不会影响你们的感情。

在他生病的时候，你的细心照顾会缓解他的病痛；在雨中与他度过浪漫的一夜；在他工作不如意的时候，没有什么比你的轻轻一吻更让他感到宽心的了。

（4）厌倦容易产生

你们已经建立了稳固的关系，你不再对你们的感情有任何怀疑了，这时你可能会想，你再也不能找回旧日的激情了。

产生厌倦原因是，你与他在你们与外界之间建立了一堵墙。你不再参加朋友聚会了，你放弃自己爱好，只是终日与他厮守。你把你自己隔离出来了，你也就失去了热情。这不是你们的感情问题，而是你自己的问题。

一些恋爱之外的事情，可以改变你的冷漠状态。30岁的公关经理罗兰女士说："在经过一年半的交往后，他和我都知道，我们的关系已经很牢固了，但是我开始觉得我们有点像老夫老妻了，于是我们决定为自己安排一些时间。他又经常参加足球比赛了；而我在一家报社做特约记者。我们并没有因为在一起的时间少而闹别扭。每天晚上躺在床上时，我们会觉得非常开心，我们之间也多了许多话题。"

（5）新的顶点

当你们的交往超过两年后，你会觉得你们之间再也没有什么隔阂了。

在共同度过挫折后,你就会知道什么是爱情了,到了低谷之后,它总会浮出水面,直至攀向另一个高峰。

请记住,感情再好也要走过这些阶段。好消息是,每当你经历过一次次反复,你们的关系就又亲密了一层。经过了这些风风雨雨之后,你会发现你到达了一个新的顶点,甚至比刚坠入情网时的感觉还要好。

2. 鼓励男方求婚的方法

如果你特别想嫁给他,而你的男友却迟迟不肯向你求婚,你该怎么办?或许看看下面的话,你心里就会有主意了!

(1)计划一次出游

可以登山或是去海边,贴近自然可以带给自己全新的体验和感悟。在宏伟壮阔的自然景观烘托的浪漫气氛和激动心情下,自然而然地表达想和他共度此生的愿望。天地为证,是名副其实的山盟海誓。

(2)一起看个电影

艺术作品最容易唤起我们感情的共鸣,在达到高潮时,钻进他怀里,深情地要求他呵护你一辈子。假如你们缺少的只是一个下决心的心情,那么这一刻,谁都不会再犹豫了。

(3)编发一条特殊信息

给他发一条特殊信息,配上自己的照片或是结婚进行曲的铃声。如果他有语音信箱,还可以给他留言。利用现代科技,看似不经意的举动,既新颖特别又可以避免当面开口的尴尬,也许还能留存作为纪念。

3. 把握求婚的原则

当你们的爱情即将瓜熟蒂落,接下来最神圣的环节就是求婚了。在现代的青年男女中,这个环节可是必不可少的,而且有时甚至成为你们是否能到最后的关键。在求婚的时候,我们应该掌握什么基本原则呢?

（1）不要威胁

最令女人反感的行为就是威胁，所以奉劝所有自恋表演型的男人，只要表达出心意就可以了，不要因为行为过火而令对方难堪，由于找不到台阶下而转羞为怒。

（2）不要冲动

因冲动而结婚，因结婚而后悔，这话不是没有道理的，毕竟婚姻不是靠一时的冲动可以走好的，不要让求婚变成作秀，承诺变成台词，华丽的背后需要朴实的支撑。

（3）不要放弃

求婚不是一个要由女人配合着完成的任务，不要带着"不成功，便成仁"的功利目的去看待，如果她在犹豫不决的同时又给你一个拥抱或热吻，那么证明她需要时间考虑。那我们现在做的就是给对方一个等待的时间，也给自己一个机会。

（4）眼观六路

你必须清楚了解求婚对象所有喜好，譬如，闻到什么花香会醉倒、看到什么电影会感动，求婚前的功课做得越充分，博得美人点头概率就越高。

（5）万事俱备

就算把功课完成得再好，你还是需要实力来支持，如果你还没有为她准备好钻戒，劝你不妨考虑将求婚的日期推后，胜利从来都属于有准备的人。

（6）知己知彼

在求婚秀开幕之前，请再次确认她对你的感觉，估算一下求婚成功率是否能达到60%以上，为避免碰灰，建议最好先培养好感情再展开行动。

4．把握求婚的技巧

求婚的典型方式一般是男士单膝跪地，然后取出一只装着戒指的盒子，请求女人同意在他的身边度过余生。不过，现在的女人也许希望更浪漫更有新意的求婚方式，也许你的女朋友正渴望着这样一次求婚。

（1）登峰造极

如果你女友是运动型，你可以在一天攀岩活动之后，站在山峰的制高点向她求婚。其他可行的方法包括跳伞时在半空中、潜水时在深海中等。

（2）视频表心意

制作一段向她求婚的视频很可以打动她的心，特别是如果你能够同她一起观看这段视频，她一定会高兴得跳起来，立刻就要和你去度蜜月。

（3）高速路上

设想她正在开车回家的路上，前面广告牌上的皮鞋广告突然变成了"××，你愿意嫁给我吗？"

这一定能够使你的求婚事半功倍，不仅如此，来来往往的车辆都会了解你的心意，并且祝福你成功。

（4）银幕为媒

你勉强同意陪她去看最新上映的超级言情大片。就在影片正式开演之前，播放只有一行字幕的加片："××，你愿意做我的妻子吗？"

虽然你不会因为精心导演此片而荣获奥斯卡奖，但至少它会作为浪漫一幕被记录在该电影院的"院史"之中。

（5）广播传情

如果你知道她会在每天的某个固定时间收听某个固定的广播节目，点播节目的方法一定可以赢得她的欢心。

（6）月光奏鸣曲

带着你的爱人前往海滩、泳池，已换好泳装的你俩可尽情演绎月光奏鸣曲。

（7）海边絮语

利用美丽浪漫的海生物传递你的爱之盟誓是利用美好周遭环境最浪漫的一种方式，在海边的月光下散布时，你可把结婚钻戒放在玲珑的贝壳里由当地的土著小孩送给她，她定会为你的浪漫情思所感动。

（8）爱的幸运星

把千千万万条爱她的理由写在彩纸上，折成颗颗幸运星，装满一个玻璃瓶送给她。

以后找出种种空闲和她在一起阅读你写下的爱的理由，某日，你好似不经意地找出那颗包有你的爱之承诺，即结婚钻戒的星星，在她面前打开来，说出你想说的话，她保证会觉得你帅呆了！

（9）生日快乐

在她过生日时向她求婚也是很好的方法。这样做的另一个好处是，她很可能因此注意不到你忘了给她带生日礼物。

（10）电子求婚

生活在互联网时代，因此我们必须学会利用高科技。那么，为什么不给她发一个带着大问号的求婚邮件呢？

（11）惊喜情人节

既然每个情人节都是情人卡、玫瑰花和巧克力，为什么不在这一个情人节向她求婚呢？这样，你的女友就会对这个节日终生不忘了。这样做唯一的缺点就是，在此后的情人节中，你很难再找到能够与这份礼物相媲美的礼物了。

（12）球场欢歌

看球赛也许不是她喜欢做的事，不过想想看，在球场休息的15分钟，借助体育场的大屏幕，整个球场的人都会看到你跪在她的面前。能够让上万人同时看到你爱的表示并不是件容易的事，也一定可以让她铭记终生。

只要有心，用结婚钻戒表情达意的方式多姿多彩，如何让璀璨的钻石沾染上你的智慧，令她永世不忘，对你心甘情愿地说声："我愿意！"就看你的能耐了！

营造一个幸福完美的家庭

爱情也许就在我们相识的一刹那产生，婚姻就在我们交换婚戒的那一瞬间开始，然而，我们的家庭生活，却不会在一刹那结束。爱情需要用心来培养，婚姻需要用心去呵护，只有这样，我们才能营造一个幸福完美的家庭。

1．认识精神因素的重要性

你一定非常希望拥有自己成功和快乐的家庭吧！大多数夫妇因为婚前有积极的思想准备，才得以享有幸福的家庭生活。

懂得婚姻之道并且会享受婚姻乐趣的人，如果专注于事业，必能取得成功。当人们了解如何享受亲密的关系时，那就意味着双方能互相鼓励、互相合作，以实现健康而有创造性的婚姻。

一方支持另一方，在这种关系里，子女也能够从中知道真正的温暖及互敬互爱。它使得家庭成为播撒幸福和创造幸福的乐园。

现代社会最迫切的需要是幸福而有意义的家庭生活。幸福、健康的家庭是健康社会的基础。家庭中的健康氛围会向外延伸，并逐步影响到社会的商业、工业、教育、政府等各个领域。有鉴于此，如何建立成功的婚姻关系是我们的当务之急，应该成为我们关注的焦点。

积极心态的最明显效果便是对面临困境的婚姻发生影响力。当婚姻出现危机时，假如人们能运用积极心态去对待，通常能改善并加深婚姻的关系。当夫妻双方可以用相应的想法来处理问题时，就一定能得到建设性的结果。

婚姻关系是人类关系中最敏感也是最难处理的一种关系，它需要两个不同秉性、不同气质的人相互调整成为一种亲密的结合。

若想拥有幸福的婚姻单靠运气是不行的，它需要制订一项清楚、明确、实际的计划，使双方都能借此成长并成熟。这样，子女们才能有充实、圆满、幸福而有创造性的人生，这正是婚姻的目的，我们大家要谨记在心。

婚姻家庭中常常会出现一些问题，我们应该怎样成功地解决这些问题呢？

在失败的婚姻中，我们听得最多的一种抱怨是双方没有共同兴趣。老实说，丈夫和妻子想拥有共同的兴趣实在不容易。

许多情况都是这样的：丈夫每天一大早上班，下午六七点钟回来，一天之中劳碌奔波，但他从不讲给妻子听，因为他觉得妻子对这些不感兴趣，或者是他太累了不想讲。

而妻子呢？她的兴趣是逛街、购物。而且她还喜欢把这些琐事讲给丈夫听，无论丈夫认为这些多么无聊。最后，两个人的兴趣差异越来越大，直至出现感情危机。

还有一个比较尖锐的问题是，某些人仍然存有以前的老观念，以为男人是一家之主，应当掌握家中大权，掌管金钱，分配家用；认为妻子完全不懂这些世俗问题，更不会合理地处理家政。

事实上，很多女性确实是有意或无意地将自己当成了一件艺术品，认为结婚之前受父亲的照顾，到结婚后理所当然应该由丈夫照顾。

这种不成熟、长不大的心理状态，使她在主观上认为作为一个妻子的权利便是当个知足而自得其乐的女人。在她的意识之中，婚姻的整个目标便是丈夫要让她幸福。也就是说，她要从这个"爸爸式"的丈夫那里得到她盼望的一切。

这是难以如愿的，丈夫并不愿扮演"爸爸"的角色。他期待的伴侣是成熟的女性，对于生活能有共同的奉献。

这样一来，由于做妻子的观念错误，对丈夫有了强烈的不满情绪，婚姻便出现了裂痕。所以，成功婚姻的基点是双方都要成为成熟的人。可能这是人生赋予我们最难的一个课题。

2. 用心呵护你的家庭幸福

家庭幸福的关键不在于夫妻俩是多么般配，而在于如何克服不般配。许多夫妻往往是带着不切实际的幻想结婚的，可是要知道，婚后生活并不总是无忧无虑、充满幸福的。美满婚姻不会降临于你，你必须去追求它，并为此付出努力。

（1）相互之间的交流

婚姻的最大威胁是缺乏交流。具备谈论你所感受的、你喜欢的和憎恶的这种能力很重要。向你配偶说出什么东西使你沮丧和失望，以及你的愿望是什么？

在谈论问题时千万不要用尖刻的字眼。爱并不意味着毫无保留地坦露一切。对夫妻关系来说，无忧无虑地表达自己的观点总比让压力越积越大直到"爆炸"好得多。

（2）保持浪漫关系

结婚并不意味着浪漫生活的结束。应不断地激起对方的感情，传递爱的信号。如突然送你妻子一束花，使她感到意外和惊喜；穿上迷人的内衣，擦上香水，以保持你丈夫对你的兴趣。

要记住能够吸引你们俩的那些东西，并利用它们使你们的关系充满活力。

（3）精心规划家庭经济

在导致夫妻不和的诸多因素中，经济问题属于首位。不管谁是家庭的经济支柱，你和你的配偶都应坐下来，为未来制订一个经济计划。孩子和大笔债务的压力也会造成夫妻关系的紧张，应共同商量解决这些问题。

（4）自己的事情自己决定

两人发生冲突的时候不要轻易跑到父母那里去哭诉，那样即使你们握手言和也会带来长时间的相互不满。

此外，不要刻薄对待你配偶的朋友和亲戚，你要是友好地对待他们，配偶感到和你更亲近。

（5）和配偶共度良宵

许多丈夫和妻子错误地认为每晚同床共寝，待在一块的时间就足够了。其实这并不一定对，数量和质量同样重要，要善于和你配偶共度"高质量"的时间。

安排一个仅有两个人待在一起的时间，找一个人临时看护孩子，双双到户外去，或者坐下来在甜言蜜语中享受一顿可口的晚餐，共同培养新的兴趣。

（6）不要把怒气带到枕边

意见不合和闹脾气是生活和婚姻不可避免的一部分。吵嘴，即使最般配的夫妻也会有。心中有不高兴的事时，应该把它说出来，共同分析它，解决它。

要愿意妥协，夫妻关系不意味着什么事情都得对等，要愿意给对方60%，自己留下40%。需要记住，妥协的能力显示的是你的坚强而不是懦弱。

（7）对工作压力敏感

如果你妻子起早贪黑工作，不要盼望她来把房屋打扫得一尘不染和为你准备晚餐，应自己多做些家务事。如果你知道你配偶在工作中正碰上困难，应精心地使对方生活舒畅些。

双方也要经常谈谈自己的工作以及与此相关的问题。除非必要，避免在对方工作时打搅对方。找一些特定时间做一点有益于爱情的事，也像为你的繁忙工作做一件重要的事情一样。

（8）不要习以为常

她为你做一些你可能看来理所当然的事情，诸如为你熨衣服或准备晚餐时，轻轻说一声"谢谢"。当你要丈夫帮你擦自行车或皮鞋时说一声"请"，普通的礼节对延续你们婚姻的爱情大有帮助。

不要以为你妻子不会介意你带不速之客回家吃饭。千万不要在大庭广众之下批评你的配偶，若对方确实该挨批评，就在家里关起门来在爱的气氛中做这些。

（9）培养不同的兴趣

夫妻在保持和别人的一般友谊，参加对个人十分重要的活动问题上应避免过分依赖对方。

爱并不是意味着形影不离。夫妻中某一方想要占配偶一点时间，这种愿望应得到尊重。不要让你的全部生活都围着你的配偶转，成为一个独立的人，这样会使配偶感到你更有魅力。

（10）别希望对方改变

许多新郎和新娘都在结婚前带着这样的幻想：希望其配偶在结婚后会发生变化，事实上几乎全然不是这样。

如果你们谈恋爱时在抚育孩子、金钱管理、业余生活等方面有很大不同，不要希望婚后会变得和谐起来。靠婚姻改变一个人这种事极少发生。

3. 创造家庭幸福的要诀

我们一生中的大部分时间都是在家庭中与家人一起度过的。但就是在这一空间，因为许多原因，可能会爆发无数难以调解的矛盾。我们平时该如何让自己的家庭更加美满呢？

（1）认清差别

我们家庭的幸福，需要每个家庭成员付出艰苦的努力。要认识到每个人的思想是有区别的。他不可能和你一样思考，他所喜欢的东西不一定就是你所喜欢的东西。

当你认识到这一点时，你更易于发展积极的心态，更易于做出相应的反应，也更易于收到满意的效果。

（2）分享优点

我们应该把自己积极的心态和对儿女的看法展示出来，尽力使自己被亲爱的人所熟悉和了解。

如果我们热爱孩子的方式是同他们分享自己的优点，而不是只给他们提供物质的东西，那么我们就会体验到孩子们由于爱和了解所赐予的丰厚回报。

（3）学会语言交流

不知你是否相信，语言的交流是能吸引人和排斥人的。无论你是谁，你都能够运用语言艺术展示你的魅力。但是某些个别的人可能不这样想。

假如你觉得他们对于你所说的话、所做的事反应不当，并含有不应有的对立，你对这事就要采取一些措施。世上通情达理的人还是占多数的。

（4）认清自己的错误

有时候别人对你做出令人不快的反应，可能是因为你所说的话以及你说这些话的方式或态度不当。要我们认识到过失在于自己，这可能是困难的。

但是当你认识到过失确实在于你时，你就要主动改正错误，这可能有些使你为难，但你必须做到。

如果某人用一种发怒的声音向你叫喊而使你感觉十分不快，你就要想到假如你用那种声音对别人叫喊，也会产生同样的效果，哪怕他是你5岁的儿子或者是最亲密的人。

如果有人误解了你的好意，你就该表明你的真心，以消除误会。如果你喜欢受到称赞，如果你喜欢人家记住你，如果你得悉某人在怀念你就会愉快，你就应该确信：假如你称赞别人，或者写一封短信，让他们了解你在想念他们，他们同样会心情愉快。

（5）学会书信传情

书信常常能加深人们之间的感情。彼此分离的人若常有书信往来，反而会觉得更亲密。有许多分居两地的人之所以最终结婚，就是因为在分别之后，他们通过鸿雁传书而加深了彼此的情感的缘故。

通过书信交流，双方能够增强理解。每个人都能在信件中表达自己正直的内心思想。表达爱情的信件不必也不应当因结婚而中止。

应该注意的是，写信就一定会思考，把你的思想提炼在纸上。你能够借助回忆过去、分析现在和展望将来发展你的想象力。你越是常写信，你就越对写信感兴趣。你写信时最好采用提问的方式，这样能够促使收信人给你回信。当他回信的时候，他就成了作者，你就能够体验到阅读的欢乐。

一般来说，收信人是依据你的思路进行思考的。假如你的信是经过周密详细考虑写下的，它就能使收信人的理智和情绪沿着你指引的路径前进。收信人读你的信时，信中令人鼓舞的思想被记录在他的脑中，将久久难以被忘怀。

第五章　友谊情感的心理感知

友情指我们与接触较亲密的朋友之间所存在的一种感情，它产生于长期的结交与相互帮助的义务。友谊是一种平静的依恋，因理智而得到控制，因习惯而得以加强，它是我们一生当中最珍贵的财产。

友情往往能给人带来欢乐，朋友往往能为你分担忧愁，因为生活的信念和意志需要友情来推动，事业的成功也需友情作为纽带。但友情的获得并非信手拈来，友情的维持更不可大意，所谓"人生得一知己足矣"，说明友情来之不易，因此，在结交朋友保持友情时，应该以良好的心胸来维系相处，这样才能使友谊之树长青。

有很多良友胜过有很多财富

英国大文豪莎士比亚说:"有很多良友,胜过有很多财富。"著名科学家爱因斯坦也说:"世间最美好的东西,莫过于有几个头脑和心地都很正直的严正的朋友。"的确,友谊是人生的重要组成部分。

友情必不可少,但是,选择也得慎重。滥交朋友是我们极力反对的事情,所谓"近朱者赤,近墨者黑",很少有人能打破这个规律。如果不能打破这样的规律,我们还是乖乖地慎重选择比较好。

1. 认识交良友的好处

俗话说,"一个篱笆三个桩,一个好汉三个帮"。的确,友谊是人生的重要组成部分,一个人在一生中,各类朋友或多或少都会有一些,我们当然也不例外。

我们的人生不可能没有朋友,朋友多了,闲时可以交流感情,遇事可以相互帮忙,确实有诸多的方便与好处。但因交友不慎而陷入僵局,甚至步入歧途的却大有人在。这就给我们出了一个题目,我们该交什么样的朋友?

当然是要结交良友了,结交良友会让你受益无穷,结交不好的朋友,你也跟着受苦遭殃,很可能成为一个坏人。

作为一个想要学好的人，或者说要成为一个好人的话，你必须要交良友。交往良友，才能跟着良友走上人生之路的光明大道，才能对你自身成长大有益处。

良友，能在潜移默化中提升你灵魂的高度。与勇者为友，可以学来大义凛然、激昂慷慨。与洒脱者为友，可以收获不媚不俗、达观开阔。与隐者为友，可以体验淡定、淡然、淡漠，体验这远离红尘喧嚣的宁静。交往良友，能在知觉中拓展你生命的宽度。

交往良友，能潜移默化地增加你思想的厚度。思想火花的碰撞，释放了巨大的能量，可倾覆你脑中那些愚笨的堡垒，用智慧填充你思想的背囊。唯有良友能如幽兰般散发出高雅的馨香，唯有良友能用智慧照亮你未知的远方。

一个人可能要交往好多朋友，但真正有意义的还是良友，这才是最有意义最珍贵的朋友。我们要交往良友，牵起良友的手，幸福快乐地向前走，一直走向那辉煌灿烂的远方。

2. 选择良友的技巧

随着年龄的增长，许多人都会觉得友情越来越重要，因而喜欢结交朋友。但交友不是一件容易的事，万一交上损友，有时将后患无穷。因此，我们一定要谨慎交友。那么我们如何选择自己的真正朋友呢？

（1）交互补的朋友

亲近那些既与自己相似又能与自己互补的人，这样不仅能满足我们的情感需要，也能在与对方的互动过程中，感受到不一样的东西，可以帮助自己更好地学习、发现自我、丰富自我。

（2）交成就你的朋友

他们会不断激励你，让你看到自己的优点。这类朋友也可称之为导师型。他们不一定是你的师长,但他们一定会在某些领域具有丰富的经验,能经常在事业、家庭、人际交往等各方面给你提供许多建议。这种朋友会成为你人生中最大的心理支柱,也常常会成为能够左右你的偶像。

(3)交支持你的朋友

这样的朋友会一直维护你,并在别人面前称赞你。这类朋友可谓是"你帮我,我帮你",相互打气,使得彼此成为对方成长的垫脚石。在一个人的成长过程中,朋友的支持与鼓励是最珍贵的。当你遇到挫折时,这类朋友往往可以帮你分担一部分的心理压力,他们的信任也恰恰是你的"强心剂"。

(4)交志同道合的朋友

志同道合的朋友,也就是和你兴趣相近,也是你最有可能与之相处的人。与他们在一起,会让你有心灵感应,俗称"默契"。你会因为想的事、说的话都与他们相近,经常有被触摸心灵的感觉。和他们交往会帮助你不断地进行自我认同,你的兴趣、人生目标或是喜好,都可以与他们分享。这种稳固的感受"共享"会让你获得心理上的安全感,因为有他们,你更容易实现理想,并可以快乐地成长。

(5)交牵线搭桥的朋友

这种朋友会在认识你之后,很快把你介绍给志同道合者认识。这类朋友是帮助型的,在你得意的时候,他们的身影可能并不多见;在你失意的时候,他们却会及时地出现在你面前。他们始终愿意给予你最现实的支持,让你看到希望和机会,帮助你不断地得到积极的心理暗示。

(6)交给你打气的朋友

这种朋友能让你放松。有些朋友,当我们有了心事及苦恼时,第一个想要倾诉的对象就是他们。这样的朋友会是很好的倾听者,让你放松,在他们面前，你没有任何心理压力，总能让你发泄出自己的郁闷，让你重获平衡的心态。

（7）交眼界开阔的朋友

这种朋友能让你接触新观点、新机会。这类朋友对于你的人生也是必不可少的。他们可谓是你的大百科全书。这类朋友的知识广、视野宽、人际脉络多，会帮助你获得许多不同的心理感受，使你成为站得高、看得远的人。

（8）交给你引路的朋友

善于帮你厘清思路，需要指导和建议时，你可以去找这样的朋友。这类朋友是指路灯，每个人都有困难和需要，一旦靠自己力量难以化解时，这类朋友总能最及时、最认真地给你最适当的建议。在你面对选择而焦虑、困惑时，不妨找他们聊一聊，或许能帮助你更好地理顺情绪，了解自己，明确方向。

（9）交能陪伴你的朋友

有了消息，不论是好是坏，你可以第一个告诉他们，他们是你忠诚的朋友，会一直和你在一起。这种朋友的心胸像大海、高山一样宽广，不管何时找他们，他们都会热情相待，并且始终如一地支持你。他们是能让你感到满足和平静的朋友，你有时并不需要他们说太多的语言，他们只是默默地陪着你，就能抚平你的心情。

我们要交志同道合、真诚、正直、有理想、有抱负的朋友，如此才能在学习和做人方面彼此促进。这样的朋友你遇到了吗？如果有，请珍惜。

哥们儿义气并不是真正的友谊

每个人都渴望友谊，需要友谊，但是千万不可把"哥们义气"当作友谊。这二者之间是有本质区别的。

那么，我们应当如何认识友谊和义气？又应该怎样对待和处理哥们义气？这是值得认真思考和探索的。

1. 哥们义气不等于友谊

在我们平时的交往中，由于缺乏明确的道德观念，分不清什么是真正的友谊，甚至把哥们义气当成交朋友的条件，而使自己误入歧途。

什么是义气呢？从字面上讲，就是主持公道的意思。从历史角度看，对讲义气、杀富济贫等英雄行为，也给予了热情的赞扬。

毋庸讳言，义气作为反映人与人之间关系的一种道德观念，曾经是劳动人民团结互助、反抗封建统治的重要精神纽带，在历史上起过一定的积极作用。

但是，作为哥们儿义气来讲，它却是一种基于无知和盲从、情感无基础的冲动，是一种非理智的行为，是与现代文明社会极不相容的行为。

哥们儿义气是一种比较狭隘的封建道德观念。它视几个人或某个小集团的利益高于一切。它信奉的是"为朋友两肋插刀""士为知己者死""有难同当，有福同享"，即使是错了，甚至杀人放火，触犯法律，也不能背叛这个"义"字。因而，它与真正的友谊是截然不同的。

现在有些社会青年把哥们儿义气当作友谊，你今天给我一盒烟，明天我请你吃顿饭，你早晨帮我教训了一个冤家对头，晚上我就替你给仇人放血。像这些不讲原则，藐视法规，互相包庇，甚至成群结伙，违反法律法规，受到处分的现象也不是个别。

也还有一些人徘徊于哥们儿义气与坚持原则的两难之中，明明知道讲哥们儿义气是错的，但为了保持所谓的友谊而不得不帮助所谓的朋友，最终也导致自己陷入了错误的深渊而不能自拔。

另外，哥们儿义气往往也是以维护小团体利益为出发点，为了报恩或复仇，不惜牺牲和损害社会或他人的利益，对不是自己的哥们儿则不讲感情，不讲友谊，最终结果必然是害人、害己、害社会。

我们提倡真正的人与人之间的友谊，反对哥们儿义气，我们要时刻反思自己的想法、行为，分清哪些是真正的友谊，哪些是哥们儿义气，让我们的人生中不仅有形影相随的朋友，更有相知、相依、相进取的知己。

友谊应该是人与人之间的一种真挚情感，是一种高尚的情操，友谊使你赢得朋友。当遇到困难和危险时，朋友会无私帮助，当遇到烦恼和苦闷时，可以向朋友倾诉。

友谊是有原则、有界限的，友谊不能违反法律，不能违背社会公德。诚然，友谊需要互相理解和帮助，需要义气，但这种义气是要讲原则的，如果不辨是非地为"朋友"两肋插刀，甚至不顾后果，不负责任地迎合朋友的不正当需要，这不是真正的友谊，也够不上真正的义气。

2. 克服哥们儿义气的方法

如果你过去中了哥们儿义气的流毒，做了点错事，现在想改，该从哪里入手呢？

（1）深刻自省

我们要从思想深处查一查，为什么自己对哥们儿义气产生了兴趣。它是在自己生活中哪个环节上侵入头脑的？危害在哪里？找到了症结所在，才能对症下药勇敢地向哥们儿义气告别。

（2）培养情感

我们还要积极培养高级情感，如道德感、友谊感、集体感、荣誉感等，去取代头脑中那种狭隘的哥们儿义气。我们要知道，一旦这些健康的、向上的情感在自己头脑中占主导地位，那种低级的、狭隘的哥们儿义气就没有阵地了。

（3）学会理智

我们要学会用理智驾驭自己的情感，做情感的主人。这一点是很重要的。不知你想过没有，过去你之所以中了哥们儿义气，一个重要原因是头脑不理智，一事来临，全凭感情冲动，头脑一热，便酿出很多祸事。

正确的方法是，三思而后行，多问几个该不该，是不是为了自己的小团体利益，危害了社会的大利益，这对自己是有好处的。

古人说："行成于思，毁于随。"这样，再有人用义气拉你干错事坏事，你便会有所察觉，不为义气所动了。当然，你朋友来找你，不一定都是干坏事，这要具体事情具体分析了。

人的大脑是一个复杂、奇妙的王国，当我们陷于迷雾之中，每前进一步都需要巨大的勇气和毅力。和哥们儿义气告别也是这样，同样需要坚强的意志和决心。刚开始时，你可能是痛苦甚至矛盾的，也许会招来打击报复，但当你勇敢地迈出第一步的时候，你会觉得自己在升华，在不断充实！

异性朋友是宝贵的财富

在社会中生存，异性朋友是不可缺少的宝贵财富。你可以不谈恋爱，也可以不迈进婚姻的门槛，但是你却不能没有异性朋友。

异性友谊给人一种轻松的感觉，你倾诉的欲望将势不可当，当你和他毫不保留地畅谈对生活、工作、家庭等的看法后，你就会吃惊地发现，你们之间有许多的共鸣和共同的渴求。

异性友谊的性别差异，既可以是对性格缺欠的一种互补，也可以是对美好人际关系的一种润滑。但是，如何与异性朋友相处，及保持分寸，也是一件非常值得正视的事。

1. 认识异性朋友的尺度

男人和女人可以成为朋友吗？回答是肯定的。除却爱情，异性也可以成为朋友，或是无话不谈的知己。男女之间，不一定非得做了情人，才能成为最好的朋友。

然而，因为存在着性别的差异，特别是我们中国传统文化的影响，异性友谊常会引起他人的注意、怀疑或更可怕的鄙夷的目光。

这是因为许多异性友谊都可以发展成爱情，所以才会招来许多流言蜚语。而有些人也因为畏惧这些可怕的舆论压力而止步。

有调查表明，女性比男性更需要异性朋友。男女间的友谊，的确可以与女性之间的友谊一样亲密无间、无拘无束而又天长地久。

实际上女人与异性建立起非爱情关系的友谊是可能的，而且这也许是一种非常健康的生活方式。

与很多男人做朋友，比起夫妻关系来，有许多独特的优点，如我们一般不会去指责对方，不会限制对方，更无须去讨好对方。

同样，一个男人希望在与一个女人的关系中，获得某种不同于他与一个男人的关系中获得的东西。他可能会在感到孤独时去找她。

跟男性朋友在一起，我们可能只谈那些无关痛痒的事情，而跟女性在一起，我们则希望对方深入到自己的内心深处。

跟女人在一起，男人更乐意解除戒备，暴露他的弱点，泄露他的憨傻、差错，说出他不成熟的想法和幻想。

一个男人也可能与一个女人保持一种纯粹的亲密友谊。摆脱了因性的介入产生的紧张情绪，摆脱了笼罩着男人之间的友谊的局限，这种和女人的具有伸缩性的友谊，可以让男人有一个平衡、诚实的情感交流平台。

在异性朋友之间的交往中，如果其中一方只想着与对方建立友谊而不是爱情，那么，对方也会来呼应他。这样，两性间才会建立起良好的、纯洁的友谊。不过，异性朋友间的交往还是要注意的，要保持一定的分寸。

首先我们需要保持正常的心态，不可潜意识地把你和对方相处的关系定到发展感情的程度，如果是这样，自己和对方相处会感到很别扭。

你要保持足够的信心，尽可能地把自己想要表达的事情表达清楚即可，要求谈你们共同的话题，才不至于冷场。

你要注意自己举止要得体，不要在异性面前表现得很轻佻，谈话时切记不要总是盯着对方看。

当你做到这些的时候，你就可以轻松大胆地结交异性朋友了，相信你们之间那种真挚的友谊会让那些中伤你们的谣言不攻自破。

2. 把握异性朋友的交往原则

在人生岁月中，异性的友情使我们的生活充满激情和欢乐。但在异性相处的旅途上，并不总是诗情画意的，鲜花与陷阱、欢笑与哭泣总是相伴左右，让人欢喜让人忧。在与异性交往中，我们应该把握好哪些基本规则呢？

（1）泛交规则

我们可以同时与不同的异性交往，不仅可以满足自身改善的需要，还可以避免在感情上对某一异性产生依赖。

比如，我们可以交一个比自己有才华、有思想，在专业知识上有造诣、有水准的异性朋友，从而提高自己在工作、学习方面的水平，同时又能在学术交流中得到心灵相通的快乐。

我们还可以交一个懂得享受生活，会吃会玩的朋友，这样在闲暇时间就不会无所事事，可以开开心心地度过假期。

我们还需要交一个善解人意、可以说心里话的朋友，有时对异性说心事比对同性要容易、安全得多，在遇到麻烦或不幸的时候可以排忧解难。

异性朋友多了，别人也不会轻易地对你与某个异性的交往产生怀疑和误解。自然地结交异性朋友，可以吸取不同异性的长处，使自己的个性中刚强与温柔的部分互相调和。自然接触、大大方方，该说的话就说，该办的事就办，该交流的思想就交流，与同性交友一样坦然。成为一个能够与同性、异性都融洽相处的人。

（2）尊重规则

与异性朋友交往，相互尊重是前提。必须尊重彼此，不要强迫对方做不愿意做的事。我们不能因为对别人有好感，就强迫别人与自己交朋友，干涉别人生活，这样只会引起别人的不安和反感。

异性交往应以情感距离远者为限。在大多数情况下，双方交往的主观意愿距离是不同的，甚至差别很大。可能一方想要把心里话说得更多一些，而另一方却希望保持更远一些的关系距离。这时需要注意的是，近的一方就要尊重远的一方的距离意愿，克制自己的欲望，止步于对方私人空间的界限，避免侵入私人领域。

否则，在对方看来，你的这种侵略不但非常唐突而且异常粗鲁。与此相似，电话和短信也要以频率少者为准。最大程度上尊重对方，使异性情感的种子开出友谊的灿烂花朵。

（3）适度规则

亲密有间是异性相处之道。男女相处，如果走得太近，超越了一般朋友的界限，就会给人是恋人的错觉。因此，异性单独相处时间不宜过长、过近，相处频率不宜过多，要有分寸。与异性保持距离的交往有助于给友谊留下发展的余地。

爱情在本质上有排他性和私密性，而友谊则具有亲和性与开放性。在与异性交往时，不能混淆友谊与爱情这个界限，异性交往有个度的问题。

我们要把与异性交往看作是日常生活中普通的事情，而不要让这种交往太神秘化和特殊化。交异性朋友强调自然和适当，适当是指交往方式的大众化，忌讳神神秘秘，注意交往不要越过友谊的界限。

异性朋友的交往是正大光明的，不应该见不得人似的，没必要有心理负担。比如交谈时，即使别人故意躲出去，也不必去关门。在集体食堂里，在会议室，在茶社或舞场上，都应该大大方方地坐在一起。无论别人是否注意，都应该谈笑自如。

千万不要为躲避人言，故意装着素不相识，连个招呼也不敢打，也不要碰到熟人，马上就借口分开，这样反倒弄巧成拙，授人以柄，引起别人怀疑和议论。友谊关系的异性交往要淡化性别意识，强化朋友之情。

（4）道德规则

在交往中要理智地把握自己，要懂得自我保护，千万不要让殷勤利诱和花言巧语所迷惑。要遵守社会公德和正确的行为规范，以健康的动机、友善的态度和庄重的行为与对方交往，而不做任何损害对方的事情，从而赢得对方的尊重与友谊。

（5）延交规则

我们可以想方设法成为对方配偶的好朋友，如果自己有爱人的话，最好也把对方介绍给自己的爱人，成为共同的朋友，如是这样，肯定于人于己都有好处。

善于把浅交变成深交

朋友是一把伞，没有朋友就像雨中无伞独行，唯有默默承受雨淋心头的那份伤痛。朋友是一种心的交流，在语言的撞击中你或许能得到意想不到的快乐。

我们都需要朋友，朋友可以给我们以帮助。但交朋友也是一门学问，善于处理，就能让我们和朋友之间的友谊不断加深；不善处理，好朋友也会成为敌人。我们该如何让自己与朋友的关系由浅入深，从而建立深厚的友谊呢？

1. 注意交朋友的误区

我们许多人在交友时，常常因为不知道如何正确处理关系，而陷入一些误区，发生一些不该发生的事情，从而使我们的朋友关系发生恶化。我们应该注意哪些误区呢？

（1）言谈不慎

也许你与朋友之间无话不谈，十分投机。也许你的才学、相貌、家庭、前途等令人羡慕，高出你朋友一头，这使你不分场合，尤其与朋友在一起时，大露锋芒，表现自己，言谈之中流露出一种优越感，这样会使朋友感到你在有意炫耀抬高自己，他的自尊心会受到挫伤，不由产生敬而远之的意念。所以，在与朋友交往时，要控制情绪，保持理智，态度谦逊，把自己放在与人平等的地位，注意时时想到对方。

（2）彼此不分

朋友之间最不注意的是对朋友物品处理不慎，常以为"朋友间何分彼此"，对朋友之物，不经许可便擅自拿用，不加爱惜，有时迟还或不还，一次两次碍于情面，不好意思指责，久而久之会使朋友认为你过于放肆，产生防范心理。

实际上，朋友之间除了友情，还有一种微妙的契约关系。就实物而言，你和朋友之物都可随时借用，这是超出一般人关系之处，然而你与朋友对彼此之物首先要有一个观念：这是朋友之物，更当加倍珍惜。注重礼尚往来，要把珍重朋友之物看作如珍重友情一样重要。

（3）过于散漫

朋友之间，谈吐、行动理应直率、大方、亲切，不矫揉造作，方显出自然本色。但过于散漫，不自制，不拘小节，则使人感到你粗鲁庸俗。也许你和一般人相处会以理性制约，但与朋友相聚就忘乎所以，或指手画脚，或信口雌黄、海阔天空，或在朋友交谈时肆意打断，讥讽嘲弄，或顾盼东西，心不在焉。

也许这是你的自然流露，但朋友会觉得你有失体面，没有风度和修养，自然对你产生一种厌恶轻蔑之感，改变对你原来的印象。所以，在朋友面前应自然而不失自重，热烈而不失态，做到有分寸，有节制。

（4）随便反悔

你也许不那么看重朋友间的某些约定，对于朋友们的活动总是姗姗来迟，对于朋友之求当时爽快应承，过后又中途变卦。

也许你真有事情耽误了一次约好的聚会或没完成朋友相托之事，也许你事后轻描淡写解释一二，认为朋友间应当相互谅解宽容，区区小事何足挂齿。殊不知朋友们会因你失约而心急火燎，扫兴而去。

虽然他们当面不会指责，但必定会认为你在玩弄朋友的友情，是在逢场作戏，是反复无常、不可信赖之辈。所以，对朋友之约或之托，一定要慎重对待，遵时守约，要一诺千金，切不可言而失信。

（5）强行索求

当你有事需求人时，朋友当然是第一人选，可你事先不做通知，临时登门提出所求，或不顾朋友是否情愿，强行拉他与你同去参加某项活动，这都会使朋友感到为难。他如果已有活动安排不便改变就更难堪。

对你所求，若答应则打乱自己的计划，若拒绝又在情面上过意不去。或许他表面乐意而为，但心中却有几分不快，认为你太霸道，不讲道理。

所以，你对朋友有求时，必须事先告知，采取商量口吻，尽量在朋友无事或情愿的前提下提出所求，同时要记住：己所不欲，勿施于人。

（6）不识时务

当你上朋友家拜访时，若遇上朋友正在读书学习，或正在接待客人，或正和恋人相会，或准备外出等，你也许自恃挚友，不顾时间场合，不看朋友脸色，一坐半天，夸夸其谈，殊不知人家早已如坐针毡，极不耐烦了。

这样，朋友一定会认为你太没有教养，不识时务，不近人情，以后便想方设法躲避你，害怕你再打扰他。所以，每逢此时此景，你一定要反应迅速，稍稍寒暄几句就知趣告辞，珍惜朋友的时间和尊重朋友的私生活如同珍重友情一样可贵。

（7）用语尖刻

有时你在大庭广众面前，为炫耀自己能言善辩，或为哗众取宠逗人一乐，或为表示与朋友之"亲密"，乱用尖刻词语，尽情挖苦嘲笑讽刺朋友或旁人，大出其洋相以人大笑，获取一时之快意，竟不知会大伤和气，使朋友感到人格受辱，认为你变得如此可恨可恶，后悔误交了你。

也许你还不以为然，会说朋友之间开个玩笑何必当真，殊不知你已先损伤了朋友之情。所以，朋友相处，尤其在众人面前，应和蔼相待，互敬、互慕、互尊，切勿乱开玩笑，恶语伤人。

（8）过于小气

你可能在择友交友时，认为朋友的友情胜于一切，何必顾虑经济得失。这种思想使你与朋友相处时显得过于拮据，事事不出分文，或患得患失，唯恐吃亏。

对朋友所馈慨然而受，自己却一毛不拔，这会使朋友感到你视金如命，是个悭吝之人。所以朋友之交，过于拮据显得悭吝小气，而慷慨大方则显得豪爽大度，它会使友情牢固。

（9）大肆渲染

你可能由于虚荣心或荣誉心所驱，也可能交友心切，认为交友越多，本事越大，人缘越好，往往不假选择考察，泛认知己，患"好交症"。

此时，朋友已在微微冷笑，认为你是朝三暮四的轻佻之人，不可真心相处，结果你会失去真正的朋友。所以，朋友之交，理应真诚相待，感情专一，万不可认为泛交会使自己显赫。

（10）一意孤行

是朋友就要同舟共济，对于好友的意思应该认真考虑，妥当采纳。也许你无视这点，每遇一事，一意孤行，无视朋友意见，依旧我行我素，结果自己吃亏，朋友受累。

这必定使朋友感到失望，认为你太独断专行，不把朋友放在眼里，是个无为多事之人，日后渐渐疏远你。所以你在遇事决策时，应多听并尊重朋友意见，理解朋友的好心，即使难以采纳的意见，也要说清楚，使人觉得你是在尊重他。

2. 遵循交朋友的原则

友谊是人一生当中最珍贵的财产，朋友的赠予是一生最珍贵的礼物。在一个人的成长路上我们会交到各种朋友，从互不相识到一起谈天说地，朋友间的了解也会一步步加深。那么我们在交朋友的过程中，应该遵循一些什么样的原则呢？

（1）全面了解自己

交友应该从你自己的实际情况出发，先对自己做一个全面的了解，不但要对自己的职业、现在的生活方式以及自己的理想追求有清楚地把握，还要了解自己的性格、优缺点，了解自己的爱好、生活习惯以及自己现有的知识、涵养和自己的整体素质等。

总之，在对自己有一个充分了解与把握的基础上，结合自己在实际生活中的需要，及自己的理想与追求，去选择朋友。

（2）尽可能了解对方

想在你完全了解对方以后，再决定是否与他进一步交往，这是不现实的。但是，你可以利用你能想到的条件和渠道，尽可能更多地了解对方。

一般而言，在你与某个人成为朋友之前，双方只能算是认识，在双方只是彼此认识的期间，就是了解对方的一个有利的时间段。

在这个过程中，不管你采取什么方式或方法，最好不要让对方知道你在试图了解他，否则的话，他会尽量遮掩自己的一些情况，或者干脆拒绝与你来往，那么这将是一个最糟的结果。

（3）要理性交往

你在选择朋友和与朋友交往的过程中，应该时刻以理性的思维来指导自己的行动，不可感情用事。在你还未尽可能多地了解对方之前，最好不要因为个人的感觉而草率地决定是否与之交往。

更确切地说，就是不要因为对方给你留下了好印象，就置其他于不顾而主动去接近对方，也不要因为对方给你留下了一个坏印象，而不再与之来往。

因为一个人在你心目中的形象是会随着时间的增多、认识的加深而改变的，因此保持理性的头脑交友非常重要。

（4）准确定位

在择友并交往了一段时间过后，就应当对你的朋友做出适当的定位，比如根据你与你朋友之间的关系进行定位，即知己型、亲密型、一般型等。

对自己的朋友进行适当的定位，对于稳固你的人际关系网络、促使你交往更多的朋友或者定位后采取进一步的措施，都有积极的意义。

3. 保持健康的朋友关系

朋友是我们人生中最宝贵的财富之一，珍惜朋友也就是珍惜自己的人生。真正的朋友应该是贴心、知心和互相关心的。那么我们该如何保持朋友间的健康关系呢？

（1）用时间培养

在你想要发展一段关系时，你要投入足够的时间，感情是很微妙的，有时候新发展的一段友情，新结识的一个很投缘的朋友，会在慢慢地疏远和淡忘中消失，那种"君子之交淡如水"的友情，是在有深厚的感情基础的条件下完成的，如果一开始你不投入时间去维系，那么会失掉很多宝贵的情感和朋友。

（2）懂得分享

我们要和善、热情，懂得分享别人的痛苦和欢乐，注意倾听别人说话，多听有助于我们了解别人、理解别人，富有同情心，愿意帮助别人，这样的人别人也乐意交往。

（3）培养共同兴趣

友谊是建立在我们与朋友共同兴趣的基础上的，一个不会唱歌、不会跳舞、不爱画画、不爱活动的人交到的朋友相对较少。我们要努力培养自己广泛的兴趣，在参加各种各样活动中和朋友建立深厚友谊。

（4）信任朋友

古人说："信人者，人恒信之。"所以说我们要想获得朋友的信任首先要相信朋友，做到以诚相待才是和朋友相处的根本。

（5）大度做人

人非圣贤，孰能无过，在这个世界之上完人是不存在的，所以我们要包容朋友大原则之外的错误和缺点，真正做到严于律己，宽以待人，发现别人的优点才能真正和朋友相处，也才能交到真正的好朋友。

（6）患难与共

朋友就意味着欢乐共享，苦难同担，也就是说我们和朋友之间的友谊不是靠甜言蜜语来维系的，真正的友谊是经得起时间和环境的考验的。

（7）取长补短

因为每个人身上都有闪光点和胜过自己的地方，如有人见多识广、思维敏捷、处事沉着；有人办事老练、处事果断。这些都是值得我们学习的。

如果朋友有过错，那我们不仅要引以为戒，还要帮助，不能包庇护短，互相真心爱护，珍惜友谊。这样结交的朋友，才是真正的朋友。

（8）尊重别人

尊重别人就是要求我们尊重他人的意愿与想法，自己犯了错误时应立即承认并且大方道歉，不要为自己的不当行为找借口，这样可以避免许多不必要的误解与麻烦。珍惜别人的时间，守信守时，也是尊重他人的表现，也是现代人的修养之一。

（9）不要过于谦虚

每个人都有自己独特的态度和行为方式，有独特的人格。在与别人相处时，虽然要对别人的需要持迁就、随和的态度，但这并不意味着要放弃一切，没有了主见。

处世也要有主见，不随便附和别人的意见。与朋友有不同看法时，可以如实表达自己的观点，说"不""对不起"。即使因为坚持正确的观念而得罪了别人，也可坦然置之，更不可为讨好别人而牺牲自己。

（10）用心交往

对朋友要真诚，心无城府，肝胆相照，坦率直言。也就是要讲真心话，倾谈人生、前途和未来，倾吐欢乐和痛苦，这样交往能增进了解，增进友谊，有利双方进步。

（11）珍惜友谊

有的人交友像蜻蜓点水，或黑瞎子掰苞米，不能深入，满足于泛泛之交，或者见异思迁，喜新厌旧，忽视朋友的情感，以自我为中心，有的搞实用主义，需要时是朋友，用不着时成路人，一旦有点矛盾就翻脸变敌人。而正确的做法是：不管在什么时候，都要与人为善，珍惜友谊，我们要明白：有很多良友，胜于有很多财富。

人的幸福来源于一个幸福的家庭、一份自己喜欢的工作和几个知心的朋友，所以发展、维持好的人际关系是很重要的，从现在开始，寻找并珍惜你的亲密朋友吧！

不要让多疑毁掉友谊

多疑是指我们神经过敏、疑神疑鬼的消极心态，它是对人、对事物在没有进行客观的了解之前，主观地假设与推测，是非理智的判断过程。

具有多疑心态的人往往带着固有的成见，喜欢通过想象把生活中发生的无关事件凑在一起，或者无中生有地制造出某些事件来证实自己的成见，于是就把别人无意的行为表现，误解为对自己怀有敌意。多疑往往会毁掉我们的友谊，从而既伤害别人也伤害自己。让我们学会信任，赢得友谊吧！

1. 认识多疑与信任

现代心理学研究表明，多疑是一种心理疾病，属于偏执型的性格缺陷。多疑症患者一般是在儿童时代受到严厉对待或遭受不幸，与别人在感情上慢慢疏远，又由于缺乏感情交流，逐渐发展到对一切人都不信任。

得了多疑症后，往往自视甚高，心胸狭窄，神经过敏，怀疑一切，遇事爱往坏处想，总认为人人都在与自己作对，在向自己耍阴谋诡计。

别人对他们说的可能是一句非常平常的话，可是他们会再三品味其言外之意。别人面带笑容地问候我们，他们却认为别人不怀好意，笑里藏刀。

他们有时甚至捕风捉影，听风是雨，别人咳嗽一声，开颜一笑，都认为是冲着自己而来，从而引发怒火，产生出攻击性的言行。

同事间开个小玩笑，他们也怀疑是在影射自己，看见别人低声说话，会猜测是在议论自己，生活中碰到点小麻烦，事业上遇到点小挫折，也归罪于有人在整自己。甚至别人好心好意帮助他们，他们也猜度别人用心不良。

不仅在外面是这样，在家也是这样，他们对爱人和亲友的忠诚，也无端怀疑，像侦探似的跟踪调查。

他们的多疑心态一旦形成，相对就比较顽固，它是导致偏执性人格障碍的温床，需要警惕。

但是，他们单纯的多疑，只有在一定的情景下，才会以主观想象代替客观事实，才会产生愤恨甚至报复心理，而在其他没有诱发情景的时间里，一般不会产生多疑心态，完全能像常人一样心态平静地生活。

2．去除多疑的方法

他们的多疑心理，让他们在家不能与亲人感情和睦，在外不能与同事融洽相处，弄得周围人际关系紧张。而且多疑症患者自己的日子也不好过，整天处于心理紧张之中，长期为不良情绪所困扰，缺乏真诚的亲情、友情和爱情。他们该如何克服自己的多疑心理呢？

（1）认清原因

多疑心理产生的原因，往往和他们对自我消极的暗示有关，所以多疑症患者平时要注意避免对自己过多的消极心理暗示，不要一开始与人交往，就在心理说："这个人可能很坏，他一定在骗我。"这样只能让自己失去得到朋友的机会。

（2）认识危害

要认识到无端猜疑的危害及不良后果。英国哲学家培根说过："猜疑之心犹如蝙蝠，它总是在黑暗中起飞。这种心情是迷陷人的，又是乱人心智的。它能使人陷入迷惘，混淆敌友，从而破坏人的事业。"

（3）学会宽容

认识了多疑的危害，就要果断地克服多疑，要用高度的理智、宽阔的胸怀、友善的态度对待他人，只要多疑症患者心广大如天地，虚旷如日月，就不会为这些小事而斤斤计较、无端猜疑了。

（4）自我暗示

当你猜疑别人看不起你，在背后说你坏话，对你撒谎的时候，你心里可以不断地、反复地默念"我和他是好朋友""他不会看不起我""他不会说我坏话""他不会对我撒谎""我不该猜疑它""猜疑人是有害的""我讨厌猜疑"等。这样反复多次地默念，就能克服多疑的毛病。心理学家证明，从心理上厌恶它，在观念和行动上也就随心理的变化而放弃它。

（5）开诚布公

交换意见，坦率地、诚恳地把猜疑的问题提出来，心平气和地谈一谈，只要你以诚相见，襟怀坦白，相信疑团是会解开的。

3．做到信任的要诀

多疑症患者一旦失去了对别人的信任，多疑症患者也就会失去友谊，一旦失去了对世界的信任，那多疑症患者就只能面对一个充满孤独、遗憾的人生。所以信任别人，就是信任自己。多疑症患者只有学会信任别人，才能拥有一个幸福、快乐、没有遗憾的人生。多疑症患者平时该如何做到信任别人呢？

（1）消除疑心

不要对身边的每一个人都设一道永远无法跨越的鸿沟，因为人性大多都是向善的，而欺诈只是一小部分。人之初，性本善，不要总以别人会欺骗自己为由而不信任别人，这样只会把彼此之间孤立起来，从而感受不到友谊的快乐与温暖。

（2）学会鼓励

要学会称赞别人获得的成果，称赞如同阳光，缺少它我们就没有生长的养分，你的称赞永远都不会多余。仔细观察别人，那样你就会发现别人做的好事。当你表示赞许的时候，你要充分说明理由，这样你的称赞就不会有谄媚之嫌。

（3）换位思考

你要试着从别人的立场上分析事情。在你怀疑别人的时候，你最好首先问一下自己：他这样做是出于什么原因？理解一切意味着宽恕一切。

（4）更加理性

在发生矛盾的时候，你要保持平静，你首先要倾听对方的意见，努力寻找双方的一致之处，你还要用批评的眼光看待自己，向对方保证考虑他的意见，并对他给予自己的启发表示谢意。

（5）学会宽容

闹误会，有矛盾，在朋友之间也是常有的事。要宽宏大量，不斤斤计较。即使朋友做了对不起你的事，只要他能认识改正，也应不计前嫌，一如既往，保持友谊。常言道，"大度集群朋"，是很有道理的。

（6）以诚相待

真诚的交往，不但指彼此的诚恳交心，还包括真诚地指出对方的缺点，提出诚恳的批评。坦诚地交换意见，是对友谊的考验，能使友谊更加巩固。

总之，信任是友谊的桥梁，也是我们保持友谊的关键。朋友之间要相互信任。我们共同生活在阳光下，彼此间十分需要这份信任。它像空气对于生命一样重要。有了信任，思想间才能交流，心灵间才能沟通，人与人之间才能合作。让我们多一些信任吧！这样，你就会收获许多意想不到的喜悦！

虚伪是一种不健康的心理

虚伪心理是指在对待朋友时,表现出来的一种掩盖事实真相、满足私欲、骗取信任的心理活动和行为,是一种消极的个性心理特征。由于这种人常常喜欢说谎作假,所以往往使人厌烦。

须知只有真诚才能受到别人的欢迎,赢得别人的信任,从而获得更好的发展。

1. 认识虚伪与真诚

人都有两面性,虚伪与真诚。人之所以虚伪,是他尝到了虚伪的甜头。因为虚伪不需费多大力气就能迅速给别人以美好的感觉。

溜须拍马投其所好者似乎都有虚伪之嫌,但是社会少了这些人还真不行。人们之所以厌恶虚伪,是因为你认为自己被欺骗了。

但是虚伪者他欺骗了一时,欺骗不了一世。即使虚伪者的表演再逼真,随着时间的推移也会露出真面目,更别说我们有能力分辨真伪虚实了。真诚,诚信老实。诚信是荒原上的一汪清泉,诚信是寒冬腊月雪中傲放的一枝梅花,诚信是夜晚行路时前方一盏不灭的灯火,诚信犹如春天第一缕阳光令人向往。

诚信可以创造奇迹。老实人常在,老实人有好报,老实人是社会的脊梁。如果没有老实人踏踏实实地干事、认认真真地钻研,那么我们的国家就很危险了。

如果你很真诚,你的信誉将极速上升;但是,如果你是个虚伪的人,你的信誉将飞速下降。我们不能缺少宝贵的信誉,不管你是富翁还是穷人,你必须要先拥有信誉,否则,你会失去很多东西。

拥有信誉,你先要做到真诚。对有信誉的人,人们用尊敬的目光看你;没有信誉的人,人们会用怪异的眼光瞟你。所以说,我们最需要拥有的就是信誉。

人都有真诚与虚伪两面性,为什么这么说呢?因为谁也不敢说自己一生一世从来没有过一点儿虚伪,也不敢说自己一辈子光做虚伪的事儿,没有一点儿真诚的时候。

有人打过这样一个比方,人的真诚与虚伪就像数轴上的正数和负数,真诚是正数,虚伪是负数。正数加负数可以是正数也可以是负数,就看你是真诚的时候多还是虚伪的时候多了。

当你走完一生的时候,是愿意得个正数,还是愿意得个负数呢?你自己算算吧!

2. 去除虚伪的方法

虚伪欺骗心理是人们普遍痛恨的一种不健康心理。仔细分析不难看出,虚伪欺骗的实质就是不真诚。用虚假的言语或行动掩盖事实真相,满足私欲,骗取信任,使人上当受骗,既害人又害己,是一种极不道德的心理行为。那么在现实生活中,我们该怎样克服这种不健康的虚伪心理呢?

(1)认清原因

认清自己产生虚伪心理的原因,才能根据不同情况,采取不同的措施,克服自己的虚伪心理,从虚伪中走出来。

虚伪欺骗心理产生的原因是相当复杂的,我们有时常常有一些不合理的需要,若在需要得不到满足时,不能正确调整就会产生虚伪。

如有些人喜欢自我炫耀,在长期得不到重视或遇到挫折时,就会认为这是社会错了，而不是自己的需要不合理，渐渐地与社会格格不入，以不真诚的态度对待自己、他人和社会。

结果，虚伪欺骗就慢慢地进入我们的性格当中，逐渐形成了一种较为固定的心理活动和行为方式。因此，在不合理的需要得不到满足时，虚伪欺骗心理就乘虚而入了。

错误的动机也能让我们产生虚伪心理。如我们与人交往的时候都是有一定动机的，但是当我们交往动机不良，即不是为了获得友谊，不是为了得到帮助，而只是为了某方面不正当的私利而和别人交往的话，就很难用真诚、守信的态度对待别人，也就不会有朋友和事业上的伙伴。

当然，家庭、学校、社会的一些不良因素，也会对我们虚伪心理的形成起到促进作用。知道了这些不良因素，我们平时就要有意识地抵制这些不良因素的形成，提高自己的免疫力。

（2）要量力而行

言而有信，要求我们做到不轻易许诺，量力而行，做不到的事要婉言谢绝；一旦许诺，要尽最大努力去办。答应了别人而又不做，不仅会丧失信用，而且还会耽误别人的大事。

（3）借东西要还

在我们的交往中，尽量减少借钱借物的事情发生。如果情况特殊借了，要记住及时归还。如果归还他人的钱物遇到困难，应当详细说明理由，并求得对方的谅解。如果不小心，损坏了借来的东西，应主动向它的主人说明情况，并尽力弥补。

（4）勇于承担错误

不论你的出发点如何，在任何时候都不应该撒谎、骗人；不要为自己的过失和错误寻找借口；主动承认错误，勇敢地承担因此造成的不良后果，并以此为鉴。

（5）要维护自尊

自尊是指珍视、尊重自己，不向别人卑躬屈节，也不容许别人歧视、侮辱自己的一种心理活动，是一种指向自我的尊重。把自尊和敬人结合起来，才能真诚守信地对待自己和别人。

维护自尊，要以自信为前提，也就是要在相信自己、承认现实的基础上，客观、真诚地观察事物、分析事物。自信的人，真诚守信，不出尔反尔，敢于纠正自己的错误，因此，不自卑，也不会虚伪欺骗。

（6）用良心监督

当我们处在维护自我尊严的过程中时，内心会深深地体会到真诚守信的巨大魅力，我们的内心就会产生一种愿望，希望别人也能用真诚、守信的态度对待我们。也就是说，我们会自觉地约束自己，正确地评价自己，把真诚守信看作是一种责任和义务。如果出现了虚伪的心理，产生了欺骗的行为，内心就会很痛苦。这是为什么呢？这就是良心在起作用。

良心就像一只警钟，提醒我们自觉抵制虚伪欺骗心理。良心对不合理的需要、错误的动机起着控制作用，良心在行为进行中起着监督作用，良心对行为的后果起着自我评价作用。

3. 保持真诚的品格

我们都喜欢真诚守信的人，并愿意与他们交往。真诚守信是一个人人格、品德的重要标志。真诚守信要求人们在对待自己、对待别人和对待事物的时候，要公正坦率，忠诚老实，实事求是，不弄虚作假。那么平时该如何保持自己真诚的品格呢？

（1）用理想导航

理想是我们心理活动的灯塔，它正确地引导人们用合理的态度认识世界和改造世界，促使人逐渐养成诸如真诚、守信、热情等良好的心理特征，克服虚伪、欺骗、冷淡等不良的心理特征。

同时，理想还是心理活动的动力，是巨大的精神力量，它催促人追求真善美，在实际生活中扬长避短，用顽强的毅力克服自身的缺点和不足。

人生是绚丽的，因为它有理想；青春是美好的，因为它有朝气。没有理想，在漫长的人生道路上就没有方向，就没有伟大的奋斗目标。我们应当把真诚守信作为自己人格理想的重要内容，作为自己毕生所追求的目标。

（2）要真诚待人

用我们的真诚对待每一个人，只要我们养成了真诚守信的良好心理品质，并能始终如一地坚持下去，就一定会得到别人的认同、关怀、理解和赞扬。

（3）良好的人际关系

融洽、丰富的人际关系可以给我们带来美好的享受、愉快的体验和社会需要的满足。良好的人际关系会使我们产生归属感，并从中获取真实准确的知识和信息，体验到被别人关心、爱护和理解的快乐，并以更加真诚的态度和守信的行为对待别人。

（4）训练坚强意志

坚强的意志可以促使我们真诚守信心理的形成，如果我们有了坚强意志，就能克服内在的惰性和外界的干扰，能及时调节、控制自己的行为，使真诚守信习惯化。

（5）培养良好性格

性格对我们的学习、事业、生活所起的作用是广泛、深刻而持久的，它影响着人对自己、他人和社会的态度，并使自己的行为习惯化。良好的性格能使我们在态度上客观、真实、诚恳，在行为上谨慎、积极、主动、热忱。

总之，诚信是为人之本，是真善美的高度统一，是一切德行的基础和根本。由诚而善，有信而亲。真诚守信可以保证我们与人友好相交，赢得别人的信任，取得事业成功。

不要让嫉妒的阴云覆盖于心

意大利文学家菲·贝利在他的著作中写道："嫉妒是来自地狱的一块嘶嘶作响的灼煤。"嫉妒的危害力和破坏力也可从中略见一斑。

嫉妒是一种负面情绪，是指自己的才能、名誉、地位或境遇被他人超越，或彼此距离缩短时所产生的一种由羞愧、愤怒、怨恨等组成的多年情绪体验。它有明显的敌意甚至会产生攻击诋毁行为，会严重危害我们人际关系的正常发展。

1. 认识嫉妒心理的危害

嫉妒心理，是一种比较普遍的心理，不过程度有大有小。嫉妒是对别人的优势以心怀不满为特征的一种不悦、自惭、怨恨、恼怒甚至带有破坏性的负感情。

古往今来，无论是平民百姓还是帝王将相，因嫉妒导致伤人害己、骨肉相残、家破人亡甚至亡国丧权的事例不在少数。

三国时期的东吴大将周瑜忌诸葛亮之才，千方百计要害死诸葛亮，结果自己被活活气死，死时还仰天长叹"既生瑜，何生亮"，实在可悲！那些为争夺皇位而手足相残的历史事件更是触目惊心。

客观地说，生活在社会群体中的每个人都有嫉妒心理，然而嫉妒心理在不同人的行为中表现不同。

程度较浅的嫉妒往往深藏于我们的潜意识中，根本没有对别人的名誉、地位等施以攻击的想法。当我们的妒恨程度发展到较深后，就开始表现为忧虑、对自己不满，进而出现故意不去配合工作中比较优秀的合作伙伴的工作，甚至对其做间接或直接的挑剔、造谣、诬陷等。

非常强烈的嫉妒心理会让我们完全丧失理智，向对方做正面的直接的攻击，希望置别人于死地而后快。这往往会导致毁容、伤人、杀人等极端行为，常导致害人又害己的不良后果。

并非说所有的嫉妒都会逐渐发展到非常强烈的程度，产生极端的行为。不同人格特质的人会把嫉妒情绪控制在某一个阶段，而不让其自由发展。

嫉妒在对别人造成伤害的同时，也能造成我们自己的内分泌紊乱、消化腺活动下降、肠胃功能失调、夜间失眠、血压升高、脾气暴躁古怪、性格多疑、情绪低沉等。

久而久之，高血压、冠心病、神经衰弱、抑郁症、胃及十二指肠溃疡等身心疾病就会跟随嫉妒者了。

由此可见，嫉妒不仅使我们的精神受到折磨，对身体也是一种摧残。因此在生活中一定要学会克服自己的嫉妒心理，并代之以一种欣赏赞美的态度，那会让我们的生活快乐很多，也会让我们得到更好的人际关系。

2．去除嫉妒的方法

嫉妒心理是一种很普遍的心理，嫉妒心理是危险的，其后果往往也是严重的。当然，它的出现也是不可避免的，但是通过自我克服，我们是可以把嫉妒心理所带来的危险系数降低到最低的。那么嫉妒心理强的人应该怎样消除这种不良情绪呢？

（1）提高修养

封闭、狭隘意识使人鼠目寸光，因此，我们应该不断提高自身道德修养，不断地开阔自己的视野，与人为善。

（2）认识嫉妒

如果我们认为嫉妒是对自己的否定，对自己是威胁，损害自己的利益和"面子"，那就大错特错了。我们的成功不仅要靠自身的努力，更要靠大家的帮助，嫉妒只会损人损己。

（3）认识自我

要准确认识我们自己的长处，不要妄自菲薄。更重要的是不断剖析、反思自己的行为和心理活动；寻找自己对他人、对某事的评价与处理是否具有不公正、不客观的成分。面对某人某事的时候，自己的心情和行为的出发点是否理智等。

（4）见贤思齐

我们不可能在任何时候都比别人行，人有所长也有所短。我们固然应该喜欢自己、接受自己，但还要客观地看待别人的长处，这样才能化嫉妒为竞争，提高自己。

（5）扬长避短

聪明人会扬长避短，寻找和开拓有利于充分发挥自身潜能的新领域，这样能在一定程度上补偿先前没能满足的欲望，缩小与嫉妒对象的差距，从而达到减弱乃至消除嫉妒心理的目的。

（6）去除虚荣

虚荣心是一种扭曲了的自尊心，我们的自尊心追求的是真实的荣誉，而我们的虚荣心追求的是虚假的荣誉。

对于我们的嫉妒心理来说，要面子、以贬低别人来抬高自己正是一种虚荣和空虚心理的表现。单纯的虚荣心比嫉妒心理容易克服，但从形成的心理机制来看二者又紧密相连。所以，克服一分虚荣心就会减少我们的一分嫉妒。

（7）走出自我

我们往往以自我为中心，不甘别人之下，不把别人的成绩看作是对社会群体建设的贡献，而首先看成是对自己的威胁，能跳出自我为中心的圈子，才能摆脱痛苦。

（8）将心比心

嫉妒，往往给被嫉妒者带来许多麻烦和苦恼，换位思考就会收敛自己的嫉妒言行。

（9）接纳他人

孔子曰："三人行，必有我师焉。"这是劝诫我们要谦虚谨慎，要善于发现别人的优点，并向别人学习，而这样做首先要悦纳他人。悦纳他人需要的是客观、公正的眼光以及与人为善的准则。

（10）公平竞争

竞争应是激励人奋进的过程，而不应成为目标，如果我们把竞争本身看作是目的，便会使人过于看重结果，很容易引发不择手段、不讲规矩的举动。

要明白凡是竞争总有输赢，不要把我们的目标只放在输赢上，而是要注重竞争的过程，从中发现自己输或赢的道理，体会竞争的乐趣，形成健康的心理。

（11）参加活动

平时可以积极参与各种有益的活动，嫉妒的毒素就不会滋生、蔓延。

（12）自我宣泄

最好能找知心朋友、亲人痛痛快快地说个够，他们能帮助你阻止嫉妒朝着更深的程度发展。另外，可借助各种业余爱好来宣泄和疏导，如唱歌、跳舞、练书法、下棋等。

自大会使人陷入迷茫

自大就是自以为是，狂妄自傲，目中无人。我们的人生中会遇到各种各样的险境，其中狂妄自大可能是最可怕的一种。当自大占据我们心灵的时候，我们往往身处险峰而高视阔步，只谓天风爽，不见峡谷深，从而失去了应有的理智。

所以我们必须学会谦虚，这样才能让自己不断进步，并有效地规避各种风险。

1. 认识自大的害处

自大往往让我们表现得很无知浅薄，除了让人轻视外，不可能得到任何好处。

现实生活中许多人都多多少少存在着这样一种自大心理，我们常常对现实自我的认识和评价过度地估计，以至形成虚妄的判定，偶有一得一见，便以为自己十分了不起，忘掉了现实中的自我，忘掉了客观社会的要求对自己的制约，开始进行种种美妙的设计。

自大的害处很多，但最危险的结果就是让人变得盲目，变得无知。骄傲会培育并增长盲目，让我们看不到眼前一直向前延伸的道路，让我们觉得自己已经到达山峰的顶点，再也没有爬升的余地，而实际上我们可能正在山脚徘徊。所以说，骄傲是阻碍我们进步的大敌。

三国时候，祢衡很有文才，很有名气，不过，他除了自己，任何人都不放在眼里。容不得别人，别人自然也容不得他。因此，他被杀于黄祖。祢衡短短一生未经军国大事，是块什么样的材料很难断定。在这方面，即使他是天才，傲慢也必招杀身之祸。

关羽大意失荆州，同样是历史上以傲致败最经典的一个故事，可以写成一个关羽的死亡挽歌：其一生忠义，几近完人。只为一个傲字，失地断头。英雄如关羽，尚且骄傲自大不得，我们哪里还有自大的理由？

2．消除自大的方法

平时要多注意自己的言行，如果我们有了盲目自大的心理，要及时对自己做一番全新的评价和估计，将自己从自以为是的陷阱中拉出来，并且重新学习与人相处。那么如何克服自己的狂妄自大心理呢？

（1）认清原因

认清原因，才能对症治疗。首先自大心理往往与我们自我意识发展的特点有关。有些人对认识和评价自我充满了浓厚的兴趣和急迫感，自我认识和评价的水平大为提高，但自我认识和评价的客观性与正确性尚不够，还存在一定程度的盲目性，因此会让我们产生自大心理。

还有随着独立意识、自尊心的发展，常常会导致一种自负心理，于是自吹自擂、老子天下第一等言行和心理，便在人们身上表现出来了。

自大心理也可能与人们的家庭背景有关。比如读书时的成绩好，踏入社会初期的顺利，家人对我们的要求又百依百顺，使我们不知不觉地形成了事事以自我为中心，养成了一种不懂得迁就别人及完全不能容忍挫折的性格。

（2）了解别人

长期坚持对他人了解之后，自大者才会从自我世界中走出来，随之自以为是的态度也会慢慢消失。

（3）调整动机

达到或超过优异标准的愿望，使我们个人认真地去完成自己认为重要或者有价值的工作，并欲达到某种理想地步的一种内在推动力量，正是成就动机推动人们在各种行业里奋发图强。我们一定要学会实事求是地评价自己的能力、知识水平，定出符合自己实际能力的奋斗目标。

（4）善于学习

要虚心地取人之长，补己之短。诚然，谁都不可能成为无所不能、万事皆通的全才；然而，只要虚心地向别人学习，善于把别人的长处变成自己的长处，那么他必定会越来越聪明，越来越进步。

理解是一种最美丽的情感

理解是一种品位，是对内心的诠释，是对心灵的呼唤；理解也是一种力量。无论是生活还是工作，都离不开这个词。现实中有许多人总是在埋怨别人不理解自己，而自己又何尝理解别人呢？理解是相互的，我们在遇到坎坷的时候，需要别人理解，别人遇到不顺的时候，我们也需要理解别人。

1. 认识理解的意义

理解是一种良好的心态，就是要用一颗悲天悯人的爱心，平静地接受所遇到的困难与烦恼。有一颗平静的心，才能鉴别人性中的弱点，洞察人内心的波谲云诡，才能具有清浊并蓄、化浊为清的能力。

理解是我们最美丽的一种情感，它让我们懂得站在别人的角度去看问题，把别人的感受当作自己的感同身受，首先替别人着想，宽容别人和自己不同的地方，宽容别人的缺点和过失，不追究不计较自己的利害得失，试着帮助对方改正缺点和过失，慢慢地趋向完美。

理解是对亲人的理解、对爱人的体谅、对朋友的忍让，是一种高尚的情操。能够理解别人，才能以宽容的态度包容他人的错误，甚至不注重个人的得失，找到化解矛盾冲突的办法，把自己变得豁然开朗。同时我们也能够得到别人的理解与宽容。

理解是生活和谐的磁场，是一种高贵的精神、灵魂的救赎。它让你远离小我，摒弃私心杂念，成就一个大写的"人"字。学会了理解，你会懂得原谅别人，原谅这个世界。

理解是温暖明媚的阳光，可以融化我们内心的冰点，让这个世界充满浓浓暖意。理解如甘甜柔软的春雨，可以浇润我们内心的焦渴，给这个世界带来勃勃生机。理解如人性中最美丽的花朵，可以慰藉人内心的不平，给这个世界带来幸福和希望。

人们需要互相理解。在自己理解了一个人之时，也无疑增加了别人对自己的理解。"理解万岁"其实有着双重含义：一是人们需要互相理解，自己得到别人的理解是最幸福的；二是自己要努力给别人理解，理解别人是高尚的。第二种意思尤为重要，需要我们慢慢去体会。

理解是信任与信任之间的一种默契，是一种无声的交流。理解可以缩短两颗心的距离，在你付出的同时你也会获得无上的幸福。因为你照在别人身上的光芒会以百倍的亮度折射到你身上来。

人们需要互相理解。每个人都渴望别人理解的目光，我们知道它的价值，所以珍视它的存在。当自己的同学、朋友有了不顺心的事，我们只要说一句"我理解你此时的心境"，他们就能得到心灵的安抚。

人嘛，难免遇到一些磕磕碰碰的小事，如果我们都能站在别人的角度上，多理解一些，理解别人或许是太冲动、恼怒才有此举措，彼此间互相道歉，就能一笑置之，还会出现为一点小事而打架以至更甚吗？

当你理解了别人，也会得到别人的理解；你只要去理解别人，那么别人同样也会来理解你；当我们都能做到互相理解的时候，周围的一切就会变得更加可爱、更加美好和明亮。

理解是一座桥梁，理解是填平沟壑的土石。互相理解吧！在这个大家庭中，人们是多么需要互相理解啊！

2. 做到理解的技巧

理解别人也是需要一定技巧和方法的，不然很容易弄巧成拙，闹出不必要的误会。我们如何才能更好地理解别人呢？

（1）要有诚心

要了解别人，其实并不是非常难，通过面部表情、言谈举止和行为变化，我们就能判断对方在思考什么。不过我们要想更深地体会对方的心理，则要求具备一定的心理素质，即正直、诚恳和与人和善，这是理解别人和让别人理解的前提。

（2）学会倾听

理解别人或让人理解自己的前提是相互了解，这要求首先要有愿意和对方结成和发展人际关系的愿望。交往中，要认真听取对方的谈话，真诚地表现出你对他的谈话有极大的兴趣。

是否认真听对方的谈话，常常影响人际关系。可惜，这一点常被许多人忽视。

有些人十分健谈，一进入交往，就扯开话匣子，摆开龙门阵，只要别人开一个话头，他们便一直说下去。而当对方说话时，又时常插嘴，要么就干脆不听，东张西望、心不在焉，偶尔来一句"你说什么"？这是很不礼貌的。

在交往中，倾听对方的谈话，对他的话题、内容、说话的姿态、表情、语气表现出兴趣，这是起码的礼貌行为。在人际交往中，不听对方说话，或不让对方说话，无疑是向对方宣布：你是个无足轻重的人，不论你说什么，我都不感兴趣。如此这般又怎能谈到理解呢？

倾听对方谈话，也是表达自己的策略。因为只有这样，你才能有针对性地谈话。

（3）记住对方

对于交往不多的人，记住对方的名字及有关情况，是向对方表示关心的一个好办法。有许多伟大人物受到广泛的爱戴，除了他们的政治才能、思想品格外，在交往中，倾听对方、记住对方也是重要的一点。事隔多年，你还能叫出对方的名字，说出对方的一些小事，使对方备受感动，这是增进人与人之间理解的一个重要方法。

（4）平等待人

平等就是尊重。人在人际交往中要想取得互相理解，首先要互相尊重，包括对别人人格的尊重、对别人能力的尊重、对别人秘密的尊重。

有的人遇事专好刨根问底，打听别人的秘密；有的人甚至恶作剧，在大庭广众中把人的私事抖搂出来，这往往会伤害对方，是不尊重人的表现。

（5）互相理解

在人际交往中对人不理解首先表现为对对方的困惑，不明白对方为什么要这样说、要这样做。在更多情况下不理解表现为一种误解。例如：有的人本来是一片好心，你却认为是歹意。有的人本来是帮助人做好事，你却认为是出风头。

不理解的产生主要有两个原因：一是以自己的心度他人之意；二是用

不信任、怀疑的心境去看待事物。

要做到相互理解,就要多从对方的立场考虑问题。比如"他为什么这样说?""假如我是他,我也会这样说吗?"

同时还要对对方的想法、说法、做法表示同情。我们常听到一句很灵验的话:"我一点不怪您,如果我是您,我也会这么想,这么做的。"这句话的核心就表现出对人的理解。可惜许多人不懂得这一点。

总之,要互相理解,就必须做到真诚、关心、正直、信任。站在别人的立场上去思考问题,尊重对方的要求、能力。如果你在人际交往中能注意这些方面,你必定会成为一个受欢迎的人。

尊重是连接友情的纽带

哲学家威廉·詹姆士说过:"潜藏在人们内心深处的最深层次的动力,是想被人承认、想受人尊重的欲望。"渴望受人喜爱、受人尊敬、受人崇拜,这是人类的本性。

但是,有取必有予,我们希望获得些什么,也就必须付出些什么。在与朋友相处中,我们希望获得对方的尊重,这就要求我们也要学会尊重对方,这样才能使友情越来越深。

1. 认识尊重的相互性

在人们的交往中,自己待人的态度往往取决于别人对我们的态度,就像一个人站在镜子前,你笑时,镜子里的人也笑;你皱眉,镜子里的人也皱眉;你对着镜子大喊大叫,镜子里的人也冲你大喊大叫。

要想让朋友尊重自己,首先要学会尊重朋友。尊重朋友也就是在尊重自己。不懂得尊重朋友的人不是一个完美的人。

应该说每个人都是有脸面、有自尊心的。自尊心是每个人自我完善的动力，是一个人自知、自爱、自重的条件。人的自尊心和人的脸面一样，是心灵的保护层，一旦受到伤害，就犹如树木的表皮被剥去一样，无法生存。

尊重朋友的自尊心和尊重自己的自尊心一样，即使是朋友存在某些缺点或不足，我们也应当给予善意的指出，完全没有必要去侮辱、伤害朋友，做不成朋友也不应该成为仇人。

说话做事要留有余地，在待人处事接物上，也要力求公平公正，不能因人而异，你在维护朋友自尊心的同时，朋友也会维护你的自尊心。

而有的朋友不是这样，看问题不是一分为二，实事求是，而是以偏概全，往往是只考虑自己不考虑朋友，只要求朋友不要求自己，也就是严朋友宽自己，说话办事处处以自己为中心，眼里只有自己没有朋友，总认为自己什么都比别人做得好，看自己总是优点多，看朋友总是缺点多，说到底，这是一种自私的表现，是对朋友一种不尊重的行为。

朋友之间相处，应当宽宏大量，不应斤斤计较。朋友应该是一种尊重、一种宽容、一种体贴、一种理解的关系，而不是一味指责、强迫对方。现实中只有你敬我一尺时，才有可能我敬你一丈。

2．学习尊重的方法

朋友之间也要分你我，也要学会尊重，这样的朋友才能长久。我们该如何尊重自己的朋友呢？

（1）要平等待人

我们都有友爱和受尊敬的欲望，并且交友和受尊重的希望都非常强烈。我们渴望自立，渴望成为家庭和社会中真正的一员，渴望平等地同他人进行沟通。如果你能以平等的姿态与人沟通，对方会觉得受到尊重，而对你产生好感；相反，如果你自觉高人一等、居高临下、盛气凌人地与人沟通，对方会感到自尊受到了伤害而拒绝与你交往。

（2）要换位思考

我们都很清楚自己想从朋友那里获得什么，可是从未考虑过自己是个什么样的朋友。我应该知道怎样来问自己：我是否体谅别人，我是否肯听别人的话，我是不是个好朋友等。然而，更重要的是，我是不是尊重朋友。

（3）要懂得自爱

要想尊重别人就得从尊重自己做起，只有懂得自爱的人才会懂得如何去尊重他人。但是自爱并不是说一见镜子就照，也不是自我吹嘘。自爱是说要爱自己，要了解自己，既知道自己的优点长处，也知道自己的短处不足，只有这样，才不会随意夸大自己的优点而看不起别人。

（4）要学会倾听

作为朋友，你要学会倾听，这是对朋友起码的尊重。

特别当你的朋友遇到挫折、碰上烦恼时，你不仅要耐心地倾听，而且要时不时地插上一两句富有情感的安慰话，抑或为朋友出出点子想想法子。你要是一脸不耐烦或者心不在焉，怎么说得上尊重呢？

（5）不强人所难

你求人一次，人家帮了你，倘若你不太知趣，一而再、再而三，得寸进尺，那就是对朋友的不尊重，朋友自然也会对你这样的人生厌、生怨。

还有的人，不考虑对方的承受能力，为了满足自己的需要，搞友情强制，这更是不尊重朋友的行为，肯定会让朋友反感。

（6）要学会捧场

面对复杂的社会，谁也不能保证自己万事周全不求人，谁也不能夸口自己终身无危难,因此,人们遇到难处总渴望得到别人的帮忙。所以,作为朋友,在别人需要你帮助的时候,一定要及时到场并真诚地伸出手去帮朋友一把,使朋友渡过难关。

(7)给朋友自由

朋友除你之外,还可能另有交际圈,因此,你要允许朋友跟与你意见不合的人交际,如果以此责怪朋友,那么,朋友将左右为难。朋友多半会由此怨而生恨,离你而去。总之,尊重朋友,就是尊重自己,只有懂得尊重朋友,也才能得到朋友的尊重,才能得到真正的朋友。

第六章　人生成功的心理塑造

所谓人生成功的心理塑造，简明地说，就是人生成功心理学，它是一种积极的感觉，是我们在人生的某个时刻达到自己理想之后的一种自信的状态和满足的感觉。

每一个人都有渴求成功的心态，但每个人对于成功的理解又各不相同，而要想到达成功必须要有良好的心理。

通过对人生成功心理学的学习，人们可以更好地认识自己、理解他人，能科学地运用一些知识和方法，圆满地解决实际生活中遇到的各种问题，从而以积极的心态面对人生，拥抱成功。

理想是照亮前程的一盏明灯

人生理想是指我们对美好未来的向往和追求,它是人生观的集中体现和核心内容。

理想是航灯,指引船舶航行的方向;理想是曙光,照亮夜行者的路;理想是沙漠中的一眼甘泉,让干渴的行路者看到生的希望;理想是一把利剑,帮你扫清障碍;理想是一盏明灯,给你照亮前程。

1. 认识人生理想的意义

生活在世界上的每一个人,都有自己的人生理想。有什么样的理想,就有什么样的人生。不同的理想抱负,决定着不同的人生轨迹。那么理想对人生究竟有什么意义呢?

(1) 指路明灯

如果把人生比作在茫茫大海中航行,那么,理想就是前进的灯塔,照亮人生的火炬。历史上,许多杰出的人物之所以伟大,之所以为人们所敬仰,就是因为他们有崇高理想。

现实生活中,有的人在"我从哪里来、到哪里去"的感叹中迷茫不知所然。像这样没有理想追求的人生,或是只能为私利忙忙碌碌,或是只能在有什么浪头赶什么时髦中随波逐流，或是只能在"今朝有酒今朝醉"中消磨时光，终将一事无成。

（2）前进动力

我们的人生道路不可能万事如意，一帆风顺。如果没有崇高的理想，面对困难和风浪，就可能丧失前进的勇气，失去对事业的信心。

生活中常有这样的情况：做同样的工作，有的人坚韧不拔，不折不挠，最终创造出成绩来；有的人一遇挫折便唉声叹气，怨天尤人，打退堂鼓。究其原因，不仅仅在于意志上有差异，更重要的是有没有崇高的理想。

事实证明，伟大的目标必然激发起忘我的献身热情和无穷的拼搏勇气，崇高的追求必然带来坚定的信念和顽强的毅力。远大理想所产生的巨大力量，是金钱和物欲的驱动作用所不能替代的。

（3）精神支柱

有了崇高理想，我们在人生道路上，才能既经受得住顺境的考验，也经受得住逆境的考验；既经受得住成功的考验，也经受得住失败的考验。不管别人怎么冷嘲热讽、说三道四，无论遇到多么大的压力和打击，都矢志不渝，不改初衷。

2. 设计人生理想的方法

理想是我们人生前进的总方向，可是许多人却往往因为找不到这个方向，最终徘徊不前，迷失在自己的人生道路上。我们该如何设计自己的人生理想呢？

（1）要想象人生并将之具体化

想象当你真正知道所要东西的内在和外在后，那是什么样子，你有什么感觉。把想象的未来具体化：你住在哪里？和谁在一起？这一天有多忙碌？你看起来怎么样？和他人在一起的时候你表现如何？你们的关系怎么样？

在你的设计中，人生中的方方面面都应该包括进去，如职业、朋友、家人、物质环境、健康、个人成长、金钱、娱乐、消遣，和其他有意义的事物。如果你的人生中很有意义的部分没有包括进来，再加一个类别或者替换一个类别。

（2）重视细节

一旦你知道了自己想要什么，很有必要把每一个目标分解成更小的目标。例如，如果你希望明年是健康的，能把马拉松跑下来，那么你今天就去跟当地体育馆签约，开始有规律地进行，或者找到当地的赛跑团体加入进去，然后开始小规模的跑步活动，直到跑步成为你生活的一部分。

当然，要使梦想成真，不只是做身体锻炼，为了达到健康的目标，你还必须要健康地饮食，睡眠好而且睡眠充足，能够减轻精神压力等。

（3）现实起来

计划后的生活遇到阻碍的一个原因是完全无法做到：当你把人生计划的每一个大目标细分的时候每一个类别都大得难以忍受。保持动力，不要苛求自己，真的很重要。

如果你还在要求自己在每天30分钟的时间里完成4个小时的工作量，那么不要沮丧，要现实些。你可能发现如果一天做一件事，就比你想象中做得要快，并且可以超前于计划来做另外一件事情。

（4）灵活起来

生活中的另一个讨厌之处是没有预料到的曲折，这就要求你使你的计划灵活到可以实施的程度。根据生活给你的条件，用不同的方法来做到灵活。

你要控制好你的计划，而不是让计划来控制你。每月、每季度、每年的回顾对于保证计划适应于生活中真实发生的事情很有用，这种预防系统可以帮助你用最好的方法预见和处理没有预料到的情况。

（5）不怕改变

如果你要改变计划中的某一部分，行不行？没问题。只要有必要，你多少次重新设计你的计划都没有关系，因为这是你的计划。回到设计板前重新考虑，你可能会意识到改变其中的一点会影响到其他的部分，而不仅仅是改变这一点。

重要的是你要记住，这是你的人生，任何事情都有可能发生，所以如果重新设计也不理想，就想象一下你想成为什么样子，然后马上开始行动。

（6）对自己诚实

不管你计划什么，都必须要适合你，这点很重要。如果你把没有能力做到的事情和不想做的事情都纳入你的计划，那么你必须回顾一下你想要什么，坦诚地接受你确实能够完成预设行为的可能性有多大。

生活总在变化，你怎样适应这些变化，在追求理想时你怎么表现，这些对于实现想要生活的影响是有差异的。在实现梦想的轨迹上，不管生活给你什么，拥有一个计划都能使你有所准备。

总之，我们每一个人都有着自己的人生理想与设计。它们是不同的，是精彩的，是我们奋斗打拼的目标。

人生的真正欢乐是致力于一个自己认为是伟大的目标。我们常说："人生短暂，我们要度过充实而有意义的人生。"有意义的人生也就是用自己毕生的心血去实现那心中最美好、最远大的理想。

成功需要界定好自己的目标

所谓目标,就是要达到的一种状态或者想拥有的东西。要想获得人生的成功,首先要有明确的目标,目标有长期目标和短期目标,有大目标和小目标等,倘若没有目标一切都是空想。同时须知,目标不明确是盲目,目标偏离真理是错误。所以说,一定要界定好自己的目标。

1. 目标要排除盲目性

很多人从小到大虔诚地读完中学读大学,读完大学再读研甚至留学出国读研。

但悲剧的是,很多人在拿到他们苦苦追求和默默等待的那张文凭后却发现,他们找不到工作,或者即使找到了工作却远远低于他们当初的期待值,被工作抛弃,被机会抛弃,被社会抛弃。

这其中的原因在哪里?最根本的一点就是我们太盲目,只是在一味蛮干,没有把自己的行动和明确的目标结合起来。

我们每天都感到很忙,但是很多时候却不知道自己在忙什么,没有目标,只是瞎忙,最后才发现自己什么都没有得到。相反,如果我们做事能够有明确的目标,那么就能领先别人半步,将来领先的可能是几十年,这个差距就会体现得很明显。

所以我们一定要找准自己的位置,始终向既定的目标前进。没有明确的目标,我们就永远达不到成功的彼岸。

没有明确目标的指引,我们很容易走向盲目,费时费力地做一些无用功。

有些人的人生可悲之处在于，我们仅仅认为自己能够成功，却不能为成功制订相应的目标或计划，没有了目标和计划，做起事来只能东一榔头西一斧头，什么事也不能真正成功。

当我们明确了自己的目标后，还要一步一个脚印地朝着目标努力，这样，目标才有可能在将来得以实现。

在向自己的目标迈进的过程中，我们不可能总是一帆风顺的，当遇到难题的时候，绝对不应该一味盲目去干，要多动些脑筋，看看自己努力的方向是不是正确。

正确的方法比盲目的执着更重要。我们应该调整思维，尽可能用简便的方式达到目标。

2. **设定目标的方法**

在现实生活中，许多人整天默默工作，辛勤劳动，但却由于没有设定自己的奋斗方向、奋斗目标，做了一辈子，还是在原有的岗位上工作，用一个词来形容，碌碌无为。那么该如何设定明确的目标计划呢？

（1）设定目标

方向就是战略，就是目标，做人做事业都是这样，只有我们的战略明确了，方向正确了，思路清晰了，然后通过努力，才能达成人生的目标。

有了明确的目标，就已经是成功的一半了。我们不能天天只在羡慕着别人的成功中生活，白白浪费自己的大把时间。一定要沉下心来，为自己设定一个明确的目标。

（2）表述目标

使自己能集中精力的最佳办法，是把自己的人生目标清楚地表述出来，说到底，我们每个人都希望找到自己的人生目标，并为实现这个目标而努力。

把人生目标清楚地表述出来，能助你时时集中精力，发挥高效率。在表述你的人生目标时，要以你的梦想和个人的信念作为基础，这样做，有助于你把目标定得具体可行。

（3）分解目标

清楚表述未来之梦及人生目标之后，你就可以着手制定长期和短期的目标了。

想到什么目标立即写下来，一开始不必判断这些目标是否能实现，也别管它们是长期还是短期的。这个阶段重要的是有创意，有梦想。

如果你发现这些目标之中有什么与你的人生目标表述及你将来的理想不相符，你可以把它去掉，并重新评估你的人生目标表述。

如果你看到自己达成了另外几个目标，就把这几个也写下来，把目标都记下来后，就可以着手制定成功的战略了。

（4）行动起来

你可以界定你的人生目标，认真制定各个时期的目标，但如果你不行动，还是会一事无成。

苦思冥想，谋划如何有所成就，是不能代替身体力行的，没有行动的人只是在做白日梦。

（5）定期评估

定期评估进展，是跟行动同等重要的。随着你计划的进展，你有时会发现你的短期目标并未能使你向长期目标靠拢。

或者，你可能发现你当初的目标不怎么现实，又或者你会觉得你的中长期目标中有一个并不符合你的理想及人生的最终目标。无论是何种情况，你需要做出调整。你对制作目标越陌生，越可能估计失误，就越需要重新评估及调整你的目标。

有些人会犯的另外一个错误是走到岔道上了。这些人制定了目标，也写下了要达到目标必须做的事情，然后把那些指导方针全忘了。有个办法能防止这种事情发生，你可以把这句话贴在办公室："我现在做的事情会使我更接近我的目标吗？"

（6）庆祝胜利

要抽点时间庆祝已取得的成就，拿破仑·希尔历来相信奖励制度。当你取得预期的成就时，你要奖励自己，小成就小奖，大成就大奖。

如果要连续干几个钟头才能完成某项工作，你应对自己说，做完了就休息，吃点东西，或看场球赛。但是决不在完成任务之前就奖励自己。当你取得一项重大成就时，一定要把庆祝活动搞得终生难忘。

学会克服迟疑不决的心态

迟疑不决就是优柔寡断，畏畏缩缩，遇事缺乏果断的一种心理特征。这是由于缺乏自信和魄力而造成的，这样的人难以成就大事。须知，如果我们在做事的时候经常瞻前顾后，那就会寸步难行，从而错失良机。而决断能够让我们的人生充满信心，并能够让我们的人生充满力量。

1. 认识迟疑不决的危害

计谋之成，决心之下，速度之快，能使智者来不及进行谋划，勇者来不及发怒。我们只有达到这样的坚决果敢，才能稳操胜券。

习惯于迟疑不决的人，会对自己完全失去信心，所以在比较重要的事情面前没有决断的能力。

有些人的优柔寡断简直到了无可救药的地步，不敢决定任何事情，不敢担负任何责任。之所以这样，是因为他们不敢肯定事情的结果是什么样的。

他们对自己的决断很怀疑，不敢相信自己有解决重要事情的能力。因为迟疑不决，很多人使他们很多美好的想法归于破灭。

时光易逝，时机易失。如果我们还在迟疑中摇摆不定，那我们就是正在失去美好的东西，正在向失败的边缘滑去。兵贵神速，赶快行动，成功就在决心，迟疑难成大事，果断地下定决心，就意味着把握了战争的胜利，稍有迟疑就会导致灾难。

拿破仑在滑铁卢战役中迟疑了5分钟，结果战败，有力地说明了成在决断、败在迟疑这个战争法则。

上兵伐谋，无谋必败，无决心也必败，所以说，无论你有多聪明的脑子，但如果你没有决断的能力，是不会取得任何成绩的。

打仗是这样，做其他任何事也都是这样，如果我们过于优柔寡断，是办不了任何事的。一个人怕这怕那，不敢决定事情，不敢担负应负的责任，消极等待，机会就会在你迟疑等待中消失，你的前途也会在迟疑等待中丧失。

2．克服迟疑不决的方法

很多时候我们总因迟疑不决而苦恼不已。稍不留神，这又将成为一个恶性循环。迟疑不决，往往因为缺乏自信和习惯性担心某些潜在的问题。主意不坚和优柔寡断，对于我们来说，实在是一个致命的缺陷。有这种弱点的人，就不可能有坚强的毅力。那我们平时该如何克服迟疑的习惯呢？

（1）敢于抉择

要知道，人生最重要的是如何利用做出的选择，而不是选择本身。或许，我们要在两个不同的地方选择去留，只要有正确的态度，无论去哪里，都能创造幸福的。

如果一味地担心自己的抉择是否正确，那么即使是做出了所谓正确的选择，我们也是无法享受生活，会在悔恨中失去自己的幸福。

（2）培养自信

缺乏自信，怀疑自己的能力，往往会让我们迟疑不决。只要我们能够增强自信心，就能在重大问题上选择不迟疑，做出快速正确的判断，就能渐渐改善甚至改变自己迟疑的性格。

（3）走自己路

很多时候，人们过于关注别人会怎么评价我们的选择。面临选择时，我们往往会本能地选择一个方向，但总会担心别人对此会怎样想，这是很错误的。

我们可以听取他人的意见，但是，如果真的感觉自己的选择是正确的，那么就该去做。不要太看重他人的意见，毕竟，生活是你的，不是别人的。

（4）善于交心

有时候，迟疑不决如同向下的螺旋缠绕在我们的脑海里，挥之不去。出现这种情况时，我们最好找个自己信任的朋友讨论讨论，当然不必让朋友替自己做决定。但是我们一定要记着，我们只是与朋友讨论一下，只是想有助于澄清问题，能从一个较好的角度去看问题，这样也更容易进行选择，而不是让自己变得迟疑不决。

（5）道德指引

很难做选择时，就想想你的动机。有时我们想采取一些自私的行动，但是良知不容许我们这样做，就造成了迟疑不决。

在这种情况下，善良之举不会让我们遗憾，而且甚至可以说，永远不会让我们感到遗憾，哪怕这个决定是错误的，自己受到了损害。但是，若仅仅考虑个人利益做决定，往往会让我们后悔不已。

（6）分清轻重

人生短暂，可能很多事情我们都没有时间去做。我们要对家庭、人际、内心世界、运动等都有一个很清晰的轻重认识，排排次序是很重要的。面临抉择，就能很快地选择重中之重了。

或许，你的老板想要你加班，而且补助也不错，但是你很清楚你最看重的是与家人在一起，那么就会很轻松地立即拒绝了。世界上没有万全之策，不要期望可以为自己的事业奉献一切的同时又可以跟家人共享美好时光。

（7）发挥强项

一个能力极弱的人肯定难以打开人生局面，他必定是人生舞台上重量级选手的牺牲品。成大事者在自己要做的事情上总是充分施展自己的才智，特别是充分发挥自己的强项和长处，并一步一步地拓宽成功之路。

（8）立即行动

有些人是语言的巨人、行动的矮子，所以看不到更为实际现实的事情在他身上发生；成大事者是每天都靠行动来落实自己的人生计划的。

（9）乐于交往

我们不懂得交往，必然不会借助人际关系的力量。成大事者的特点之一是善于借力，从而能把一件件难以办成的事办成，实现自己人生的规划。

（10）重新规划

成功只是一个过程，你如果满足于小成功，就会推动大成功。成大事者懂得从小至大的艰辛过程，所以在实现了一个小成功之后，能继续拆开一个个人生的"密封袋"。

（11）知己知彼

如果我们能够全面地看待他人和自己，就会感觉自己没那么差。其实他人的看法或想法往往存在片面性，只会引起我们不必要的自卑感。

我们要多多学习别人的工作经验，将长处学来，观察他们的不足，在这方面下功夫，我们就能胜过他们。我们要打起精神再次努力奋斗。相信自己的能力一定能战胜困难！多给自己一些鼓励，让大家一起为你鼓劲，让你振作精神，好好奋斗。

（12）敢想敢干

良机已经出现，我们还在迟疑等待什么呢？还不赶快出击！果断的错误胜过迟疑的正确，把我们的眼光放得远些，做一些别人没做过的，又不容易成功的事情。

我们要有自信心，认为自己干什么事情都能行，认识到通过自己的努力，一定能达到目标，从心理上确认自己能行，自己给自己鼓劲。只要有心理准备，我们就不会为一点困难而退缩，就能充满信心完成任务。

要改变夸夸其谈的习惯

人生的成功主要来自务实，而不是口若悬河、夸夸其谈。因为一切事情仅流于口头是无法成功的。

在现实中，许多人喜欢夸夸其谈，总以为自己是天下第一，什么都比别人强。夸夸其谈的人甚至会认为自己是全才、通才，是自己所在行业精英中的精英。可事实往往正好相反，夸夸其谈的人其实也就只有夸夸其谈的本领而已。

1. 认识夸夸其谈的危害

花园荒芜,大家都想修整。但我们大家只是各持己见,争论不休,而没有一个人真正去实践,最终花园依然荒芜。

我们各自谈了一大堆理论,互相批评对方,话说得天花乱坠,不会对花园有好处,试想,如果我们中的一个人按照自己的方法真实地去做,花园现在大概已是鲜花满园了吧!

其实,我们平时为人处世又何尝不是这样。甜言蜜语似口中的糖,能让我们在听说时欢喜,但实则无益。实做如一剂中药,平淡朴素,但在危难时却能救我们一命。

成就一件大事,需要的是我们踏踏实实去做,而不是在这里一遍又一遍地唠叨,明天要怎样。

许多人是事后诸葛亮,喜欢夸夸其谈,却没有真本事,缺乏预见性,别人干时不伸手,别人干完了,却说三道四,妄加评论。干好了,是早就料想到的;干不好,则是风凉话连篇,冷嘲热讽不断,更有甚者抓住人家的错误,横加批判,让干实事的人寒心。

做人应该要实事求是,不要只会逞口舌之强,凡事要脚踏实地,要争千秋,不要只争一时。越王勾践卧薪尝胆,诸葛孔明在陇中养精蓄锐,多少人十载寒窗,多少人生聚教训,都在说明,务实勤劳才能成功。

如果我们只学会说空话,而不肯务实做事,就如一棵没有根的树,是很容易枯萎的;又如一栋地基不稳的大楼,随时都有倒塌的可能。

世界竞争日益激烈,归根到底是人才的竞争。而人才就必须少些空谈,多做实事。临渊羡鱼,不如退而结网。

与其空谈将来的理想,空谈我们祖国未来的希望,为祖国做出贡献,倒不如从现在起,为自己的目标实实在在地做,空谈只是我们失败的借口，努力学习，为梦想一步步地努力，为中华崛起而多些务实，少说些空话。

拥有了务实，就拥有实现梦想后的喜悦。在未来的世界里，不要让空谈占据你生活的全部。我们要的是务实，而不是空谈！

2．克服空谈习惯的方法

空谈的人，只不过是在做着自己那个黄粱美梦罢了。在不切合实际的"魔毯"上飞，最终一定会被摔下来。他们的人生的确如此，只有脚踏实地，一点点耕耘，才能有一点点收获，梦想并不会因为我们的空谈而实现。

那么平时如何做到克服空谈呢？

（1）看清原因

从古至今，人类历史上一直存在着喜欢空谈，轻视务实的心理现象。这是因为在很多人眼里，空谈轻松容易，务实艰难辛苦。我们感觉空谈没有成本，不用负责，而务实是有风险的，是需要付出的。更主要的是，有些人只有空谈的能耐，但无务实的本事。

（2）认清危害

空谈有很多害处，虽然别人一开始可能不知道空谈者的底细，但是一旦知道，就会失去信心，大家都会觉得空谈者不是可靠的人，从而与其疏远。

当空谈者被人识破后，谈得越多会越让人心烦，这样还会破坏自己的形象，不利于工作的落实，不利于自己的发展。所以说，空谈是一件害人害己的事，最后的结果只能让空谈者后悔莫及。

（3）吸取教训

空谈并不可怕，可怕的是不吸取教训。只要空谈者，从此闭上嘴，多做实事，那么在不久的将来，空谈者就会成为务实者。自然，成功和荣誉乃至爱情终究也会属于他们。

（4）树立理想

空谈者追求的目标越崇高，对低级庸俗事物的抵制力就越强。空谈者树立崇高理想应该追求内心的真实美，不图虚名。

空谈者自我价值的实现不能脱离社会现实的需要，必须把对自身价值的认识建立在社会责任感上，正确理解权力、地位、荣誉的内涵和人格自尊的真实意义。

只有着眼于现实，把自己的理想与国家、民族的前途结合起来，通过艰苦努力，克服前进道路上的困难和障碍，才有可能实现自己的远大理想和抱负。

很多人能在平凡的岗位上做出不平凡的成绩，就是因为有自己的理想，同时有自知之明。这就是说要能正确评价自己，既看到长处，又看到不足，时刻把消除实现理想的路上存在的差距作为主要的努力方向。

（5）自知之明

人生逆境十之八九，我们总不能事事如意，在某方面达不到自己的要求或自己有某些方面比不上人家，这是正常的，无须耿耿于怀，更不必用虚假的东西来掩饰。假的终究是假的，被人识穿以后会更加丢人现眼。

（6）主宰自己

不要过于计较别人怎样议论和怎样看待自己，他们对于别人的言论和看法，往往采取批判接受的态度，对于那些无理的议论，他们会不闻不问，置之不理。

不能时时处处以取悦别人为目的，把他人的言论作为自己的行为准则，如果那样，就会不知不觉地给自己套上一个无形的精神枷锁，最终只能不断助长自己的虚荣心理。

（7）矢志奋斗

虚假的荣誉不属于自己，它终究会被人遗弃。与其追逐一个个转瞬即破的肥皂泡，还不如立下大志，通过奋斗创造出属于自己的荣誉来。

经过奋斗得来的荣誉，才是真实的和值得自豪的，务实者要脚踏实地从今天做起，坚持下去，这样真正的荣誉就会降临到你的身上了。

（8）坚持不懈

要踏踏实实的学习工作容易，但是要我们一辈子坚持就不容易。古稀之年的华罗庚常说："树老易空，人老易松，科学之道，我们要诫之以空，诫之以松，我愿一辈子从实以终。"

华老的这种坚持不懈的务实精神，使他成为我国数学界的一颗璀璨的明星。从华老的身上可以看出：我们确确实实需要务实的精神。

总之，我们不要做整天夸夸其谈，空谈大道理而无所事事的人，要多做一些实事，这样人生才会更有意义。1000个"0"顶不上一个"1"，1000个愿望顶不上一次实际行动。我们坚信：空谈不如务实。

3. 克服夸夸其谈的方法

你还在别人面前夸夸其谈吗？你还没有认真地做成过一件事吗？假如你已经认识到了自己只会毫无意义地空谈，那么请现在就来认真改正吧！

（1）树立正确的人生观

作为一个社会人，你是否活得有价值，最主要的是看你是否尽了力，做了事，而不是看你说了多少空话。三百六十行，行行出状元，让我们从现在做起，而不是说起。

（2）给自己订计划

每天订个小计划吧！等晚上看到的时候，就可以问问自己完成了没有，如果没有就惩罚惩罚自己。

（3）从小事做起

你也许胸怀大志，满腔抱负，但是成功往往都是从点滴开始的，甚至是细小至微的地方。你如果天天只会空谈理想，不去做任何事，必将一事无成。

（4）转移注意力

选择你自己除空谈之外最擅长的事情，投入力量，争取有所成就，这样，你的信心就会逐步增强，空谈就会步步退却。

（5）增强意志力

当你忍不住空谈的时候，运用意志力自我克制。在这个过程中，要学会自我暗示、自我命令。暗示、命令自己不要瞎说，暗示、命令自己把精力调到学习和活动上去。如果不行，还可以离开现场去访友或逛逛公园。

相信经过你自己的不懈努力，你一定会重塑自己的形象，让别人看到一个全新的你！

自强是一种奋进的力量

自强是指我们对未来充满希望、奋发向上、积极进取的一种精神、一种美德、一种信念、一种境界。自强是我们中华民族的传统美德，是流淌在中华民族文明血管中的生生不息的血液，是我国人民代代相传的传世之宝。可以说，自强的精神对一个人的成长具有巨大作用。

1. 认识自强的本质意义

自强是我们作为一个人活出尊严、活出个性、实现人生价值的必备品质，是我们健康成长、努力学习、将来成就事业的强大动力。

自强不息是我们民族几千年来熔铸的民族精神，正是这种精神，使中华民族历经沧桑而不衰，历尽磨难而更强，豪迈地自立于世界民族之林。

自强是我们通向成功的阶梯，一个人能否取得成功，原因是多方面的，但是自己主观上想不想自强，往往起着十分重要的作用，无数成功者的经历生动地告诉我们，自强品质对于人生的重要意义。

2. 做到自强的方法

自知者明，自强者胜，自强者可以征服山，就是跋山涉水也在所不惜。谁的一生都有挫折，自强者自然把挫折当动力，最终获得人生的真正成功。怎样才能让自己自强起来呢？

（1）学会自立

自强首先要求我们自立，确立靠自己不靠别人的观念，与一味依附别人的奴化心理彻底决裂，与依赖别人恩赐的侥幸心理划开界限，把争取个人利益和幸福，放在自己努力的基础上。

自己的利益自己争取，不求别人代办，不求别人恩赐。这是因为，由别人争取来的利益不是真正意义上的个人利益，由包打天下情结形成的依赖关系，最终将转化为依附关系，而形成新的奴役关系。所以，自强规范不但要求自己，也要求别人不越俎代庖。自强要求的自主，是自己对自己负责，自己承担对自己的责任。

把命运掌握在自己手里。当然，我们说的自主绝不是自我封闭，而是强调矛盾的主要方面在自身，主要责任在自身。在争取自身利益上，友谊和援助是次要的，是辅助性的。同时，也只有做到自立自强，才能赢得友谊和援助。

（2）学会自信

自强的规范要求自信，自己对自己有信心，充分认识自己，相信自己的力量。自信的人才能自主，才不对别人抱有幻想。依附于别人的人，往往是缺乏自信的人。

信心就是力量，力量来源于信心。人因为失去信心而自我萎缩，人也因怀有信心而自立自强。

自信不是自高自大，孤芳自赏，自信是建立在对自己全面认识的基础上的。自信不是认为自己无所不能，而是对自己克服困难的勇气、信心和毅力的信任，是对自己会做得更好的信任。自信的本质是一种自我宣誓式的决心。

自信不是对别人不信任。相反，充分信任别人，才会有真正的自信。对周围条件和环境的充分认识和了解，对友谊和支援的尊重，是建立自信的条件。怀有自信心的人，才会坚持自主意识，坚持对自身潜力的开发。自强规范依赖自信心的支持，自信心是自强规范的必备要素。

（3）学会自勉

自强规范必然要求我们学会自勉，自己勉励自己，自己鼓舞自己，自己激励自己。也就是自己激发自己的积极性，自己作为自己的动力源，自己开动自己，自我发动。

无论是自主还是自信，必然要落脚到行动上，落脚到积极奋发向上的人生态度上，落脚到充满希望、精神激昂的人生开拓中。

有为的人生哲学，乐观的人生态度，积极的开拓行动，昂扬奋发向上的精神，才是自强不息的真正含义。不悲观，不颓废，不自弃，调动自己整个生命中蕴含的活动能量，进行人生的创造。

（4）学会自责

自强规范要求我们能够自责。自责就是自我责备，勇于承担责任。在社会生活中，有成与败，有得与失，有荣与辱，有幸与不幸。

自强规范要求我们把成败、得失、荣辱、幸不幸归因于己，不怨天，不尤人，从自身方面找原因。外因是变化的条件，内因是变化的根据，外因通过内因而起作用。

这样的道理虽然我们人人都懂得，已成常识，但是在具体到个人际遇上，特别是遇到不称心、不如意的境况时，有的人就会怨领导，怨同事，怨客观条件，把个人的挫折归因于客观环境，或者由怨而恨，移怒于人，徒生猜忌；或者由怨恨转为消沉，自暴自弃，破罐子破摔，自毁前程。

在困难和挫折面前怨天尤人，是对困难的畏惧和怯懦，是对自己能力的怀疑和不信任，是长他人志气，灭自己威风。这样的认识归因，会使自己产生挫败心理，自我萎缩。自强的人，必是勇于自责的人；勇于自责的人，才能做到自强。

3. 做到自强的方法

你感受到自己的脆弱了吗？你是不是经常因为不能自强而失去许多成功的机会？现在让我们一起自强起来吧！

首先我们要树立远大的理想。它是自强的航标，因为有了理想，就有了方向，就有了进取精神的不竭动力，要自强，首先要树立坚定的理想，为人生的理想执着追求，是所有自强者的共同特点，真正的强者在树立了目标后，就会不屈不挠地坚持，矢志不渝地奋斗，直到成功。

其次我们要战胜自己。它是自强的关键，因为每个人都有缺点，自强的人不是没有缺点的人，而是勇于并善于战胜自己缺点的人，人的最大敌人不是别人，而是自己，能战胜自己的人，必定能自强。

最后我们还要善于扬长避短，它是自强的捷径。因为要想自强和成功，就一定要认识到自己的长处、天赋和兴趣，要知道自己适合做什么，不适合做什么，要发扬自己的长处，避开自己的短处，如果我们按照自己的爱好来确定努力方向,那么我们的主动性就会得到充分发挥。

自强要从少年始,只要我们选准航向,战胜自身的弱点,发扬自己的特长,那么我们就能在自强的人生征途中劈波斩浪,抵达成功的彼岸。

树立自立的心态

自立就是要扔掉别人的拐杖,培养一种独立的能力,自己的事情自己干,并且要勇于承担自己的责任。只有善于锻炼自己的能力,培养自立的精神,才能从容地在社会中立足。

1. 认识自立的重要意义

自立意识是我们从儿童逐步走上成人之路、适应现代社会环境所必须具备的品质。孩子不可能永远是孩子,我们将来必定要走向社会。

未来的生活道路不可能总是一帆风顺,没有坎坷。我们只有自立自强,才能在未来的生活道路上,搏击生活,主宰自己的命运。

相反,如果我们缺乏自立能力,就会常常没主见,胆怯怕事,依赖性十足,意志薄弱,经不起一点小小的挫折。可见,自立能力对于我们的重要性。

自立作为成长的过程,是我们生活能力的锻炼过程,也是我们养成良好道德品质的过程。在这个过程中,我们要不断地完善自己,学会自立,增强自信,增强法律意识。

我们要逐步学会理解和尊重他人,善于与他人沟通和交往,和谐相处。

我们要积极融入社会,关爱社会,成为一个对自己负责、对他人负责、对社会负责的自立自强的人。

在日常生活中，我们要从小就学会自己做作业、复习功课，不用父母督促、陪伴。我们要学会自己上学，自己的衣服自己洗，在家中打扫卫生、饭后洗碗，独自乘火车去外地。

父母外出时，我们也要会料理自己的生活，父母病了，更要会陪他们去医院，还要在家照顾他们。

人生需要自立。如果我们不能从现在起，在父母和老师的帮助下，自觉地储备自立的知识，锻炼自己的能力，培养自立精神，就难以在未来的社会中自立。

2. 做到自立的方法

俗话说："自立人生少年始。"我们要从小就学会自立，养成各种好习惯。我们该如何让自己自立起来呢？

（1）克服依赖习惯

分析一下自己的行为中哪些应当依靠别人，哪些应由自己决定把握，从而自觉减少习惯性依赖心理，增强自己做出正确主张的能力。如自己决定有益的业余爱好，自己安排和制订学习计划等，由依赖转变为自主。

（2）在思想上自立

我们要自立，就要树立自立的观念，为自己定一个可行的自立目标，这样我们才能做到有的放矢，实现自己的真正自立。

（3）要从小事做起

我们要立足于当前生活、学习中的问题，从我们身边的小事做起，首先把自己的基本日常生活料理好。

（4）学会不断实践

我们要大胆地投身到社会实践之中。因为只有在社会生活中反复地锻炼、不断实践，才能逐步提高我们的自立能力。

（5）要增强自信心

有依赖心理的人缺乏自信，自我意识低下，这往往与童年时期的不良教育有关。如有的父母、长辈、朋友往往说些"你真笨，什么也不会做""瞧你笨手笨脚的，让我来帮你做"等。对这些话首先要有正确的心态，然后一条一条加以认知重构，逐渐培养和增强自信心。

（6）树立奋发精神

常言说，温室中长不出参天大树。当今社会是开放竞争的社会，我们每个人都要在激烈竞争中求生存谋发展。因此，要及时调整自己的心态，适应时代变革，拥有健全人格和良好社会适应能力。要自觉地在艰苦环境中磨炼自己，在激烈竞争中摔打自己，勇敢地面对困难和挫折。

（7）培养独立人格

每个人都需要别人的帮助，但是接受别人的帮助也必须发挥自己的主观能动性。很难设想，一个把自己的命运寄托在他人身上，时时事事靠别人指点才能过日子的人，会有什么大的作为。

俗话说得好：滴自己的汗，吃自己的饭，自己的事情自己干，靠人靠天靠祖上，不算是好汉！这句话充分说明了我们应该自己的事情自己干，勇于承担自己的责任。

朋友，驱走我们的依赖心理，让我们用轻松的脚步走向自立的世界，用自己的双手去创造属于我们自己的世界，让我们以后的人生更加灿烂和美好。让我们全面地看待自己，让我们的人生充满自立意识，让我们的生活从此与众不同，让我们一起享受自立带给我们的无穷乐趣吧！

3. 自立的测试方法

测试你是一个能自立的人吗？今天是你的生日，每年的这一天，你都会收到来自乡下双亲的礼物。今天下午，你收到礼物，但是没有署名寄件人，不过，你心里有数，今年他们大概是一时疏忽，忘记写寄件人的住址。如同往常一样，礼物中附上一封父母的信，请问你认为信的内容是什么？

第一．像是有没有好对象等，关心儿女终身大事的信。

第二．千万要多注意自己的身体，关心儿女健康的信。

第三．偶尔也回来露露脸等，期盼儿女回家的信。

如果你选择了第一个，说明你是一个感到自我空虚的人，基本上，你是个害怕孤独的人。你直觉认为，一旦离家独自生活，便等于失去了自己的住处，对你而言，最重要的是要知道自己真正想做的事是什么，只有向自己真正的目标迈进，才可以耐得住孤独。

如果你选择了第二个，反映出你希望受到保护，希望能永远得到父母的关心、宠爱。想必你大概是从小便受到过分的保护，导致长大后仍眷恋着幼儿期限，觉得没有父母的疼爱便生活不下去吧！你必须找个适当的时间学习独立。

如果你选择了第三个，可以看出你想让父母伤脑筋，为自己担惊受怕的心理。你可能会搬出去一个人生活之后，又再搬回来，你只是想用不按牌理出牌的举动，让父母伤透脑筋，这是因为潜意识中有恐惧独占父母之爱的缘故，或许在你的幼年时期有和弟妹争夺父母宠爱的经历吧！不管怎么样，你就是想吸引父母对你的关心，建议你可以请父母每天打电话给你，如此一来，你应该就可以安心地继续独立生活了。

自信是成功的一柄利器

爱默生说："自信是成功的第一秘诀。"一个人只有使自己自卑的心灵自信起来，弯曲的身躯才能挺直。自卑心理属于我们性格上的一个缺陷。自卑即我们对自己的能力、品质等做出偏低的评价，总觉得自己不如人，悲观失望、丧失信心等。这种心理会对我们的发展产生很多危害。因此我们应该树立自信，拥抱成功。

1. 认识自信的重要意义

在社交中，许多人没有自信。他们孤独、离群、抑制自信心和荣誉感，当他们受到周围人们的轻视、嘲笑或侮辱时，会更加没有自信，甚至以畸形的形式，如嫉妒、暴怒、自欺欺人的方式来表现自己的自卑心理。

自卑者要学会自信，自信就是自己信得过自己，自己看得起自己。别人看得起自己，不如自己看得起自己。

我们常常把自信比作发挥能动性的燃料，启动聪明才智的马达，这是很有道理的。自卑者要确立自信心，就要正确地评价自己，发现自己的长处，肯定自己的能力。

如果只看到自己的短处，看似谦虚，实际上是自卑心理在作怪。尺有所短，寸有所长，我们每一个人都是平等的，只是分工不同。

每个人都有自己的长处和优点，并以己之长比人之短，就能激发自信心。要学会欣赏自己，表扬自己，把自己的优点、长处、成绩、满意的事情，统统找出来，在心中炫耀一番，反复刺激和暗示自己。

当然自信不是让我们孤芳自赏，也不是让我们夜郎自大，更不是让我们得意忘形，而是激励我们自己奋发进取的一种心理素质，是以高昂的斗志、充沛的干劲，迎接生活挑战的一种乐观情绪，是战胜自己、告别自卑、摆脱烦恼的一剂灵丹妙药。

愿我的朋友们都能充满自信去面对生活，面对一切困难，面对新的挑战，创造自己美好的明天。

2. 提高自信的方法

要记住一句话：没有永远的困难，也没有解决不了的困难，只是解决时间的长短而已。困难与人生相比，只不过是一种颜料，一种为人生增添色彩的颜料而已。当你遇到困难的时候，不要逃避问题或是借酒消愁，只要你对自己有信心的话，那么什么困难都难不倒你的。

那如何才能提高自己的自信心呢？

（1）克服自卑

首先要克服自卑的心理，才可能树立自信心。别的人能行，我们也行啊，大家都是人，都有一个脑袋、两只手，智力都差不多。只要努力，方法得当，那么什么事都能办到的。

正确分析自卑感形成的原因，然后对症治疗。如果是家庭环境造成的，我们应该告诉自己，长辈的挫折不能传递给我们。作为一个正直的人，应该开拓新的人生道路，而不应该总是心灰意冷地龟缩在长辈们留下的阴影里。

如果是因为父母错误的教育方式造成的，你就应该树立起自信心，通过自己的努力和勤奋证明自己与别人一样，有头脑，能干，同样可以像别人一样取得成功。

（2）朋友帮助

要有意识地选择与那些性格开朗、乐观、热情、善良、尊重和关心别人的人进行交往。在交往过程中，你的注意力会被他人所吸引，会感受到他人的喜怒哀乐，跳出个人心理活动的小圈子，心情也会变得开朗起来，同时在交往中，能多方位地认识他人和自己，通过有意识的比较，可以正确认识自己，调整自我评价，提高自信心。

（3）暗示自己

要不断提高对自我的评价，对自己做出全面正确的分析，多看看自己的长处，多想想成功的经历，并且不断进行自我暗示，自我激励"我一定会成功的""人家能干的，我也能干，也不比他们差"等，经过一段时间锻炼，自卑心理会被逐步克服。

（4）体验成功

要想办法不断增加自己成功的体验，寻找一些力所能及的事情作为试点，努力获取成功。如果第一次行动成功，使自己增加了自信心，然后再照此办理，获取一次次的成功，随着成功体验的积累，你的自卑心理就会被自信所取代。

（5）昂首挺胸

遇到挫折后，常常垂头丧气是我们失败的表现，是没有力量的表现，是丧失信心的表现。成功的人、得意的人、获得胜利的人总是昂首挺胸，意气风发。昂首挺胸是我们富有力量的表现，是自信的表现。

（6）行走有力

心理学家告诉我们，懒惰的姿势和缓慢的步伐，能滋长人的消极思想，而改变走路的姿势和速度可以改变心态。平时你从未意识到这一点吧？从现在起你就试试看！

（7）坐在前面

坐在前面能建立我们的信心，因为敢为人先，敢于人前，敢于将自己置于众目睽睽之下，就必须有足够的勇气和胆量。久之，我们的这种行为就成了习惯，自卑也就在潜移默化中变为自信。

另外，坐在显眼的位置，就会放大我们在领导及老师视野中的比例，增加反复出现的频率，起到强化自己的作用。把这当作一个规则试试看，从现在开始就尽量往前坐。虽然坐前面会比较显眼,但要记住,有关成功的一切都是显眼的。

(8)正视别人

心理学家告诉我们,不正视别人,意味着自卑。正视别人则表露出的是诚实和自信。同时,与人讲话看着别人的眼睛也是一种礼貌的表现。

(9)当众发言

当众发言是克服羞怯心理、增强自信心、提升热忱的有效突破口。这种办法可以说是克服自卑的最有效办法。想一想,你的自卑心理是否多次发生在这样的情况下?你应明白:当众讲话,谁都会害怕,只是程度不同而已。所以你不要放过每次当众发言的机会。

(10)善于表现

心理学家告诉我们,有关成功的一切都是显眼的。试着在你乘坐地铁或公共汽车时,在较空的车厢里来回走走,或是当步入会场时有意从前排穿过。并选前排的座位坐下,以此来锻炼自己。

(11)保持笑容

没有信心的人,经常眼神呆滞,愁眉苦脸;而雄心勃勃的人,则眼睛总是闪闪发亮满面春风。人的面部表情与人的内心体验是一致的。笑是快乐的表现。笑能使人们产生信心和力量,笑能使人们心情舒畅,精神振奋,笑能使人们忘记忧愁,摆脱烦恼。学会笑,学会微笑,学会在受挫折时笑得出来,就会提高人们的自信心。

3. 相信自己能够办到

朋友们,人人都能忍受灾难和不幸,并能战胜它们。也许你现在还不相信自己能办到,现在让我告诉你怎么做吧!

首先对自己抱有希望。如果你连使自己改变的信心都没有,那就不要再向下看了……要对自己宽容,并使事情看起来容易做到。

表现得好像自信十足,这会使你勇敢一些。想象你的身体已接受挑战,显示自己并不是全然的害怕。停下来想一想,别人也曾面对沮丧和困难,却克服了它们,别人既然能做到,当然你也能。

记住:你的生命是以某种节奏前进,你若感到失意消沉,无力面对生命,你也许会沉至山洼的底部;但是你若保持自信,便可能利用当时正扯你下坠的那股力量,跃出洼谷之外。

记住:夜晚比白天更容易使你感到挫败和气馁。自信多与太阳一道升起。只有想不到的事情,没有干不成的事情。我们大多数人所拥有的自信,远比我们想象的更多。

克服局促不安与羞怯的最佳方法,是对别人感兴趣,并且想着他们。然后胆怯便会奇迹般消失。为别人做点事情,举止友好,你便会得到惊喜的回报。

只有一个人能治疗你的羞涩不安,那便是你自己。没有什么方法比"忘我"更好。当你感觉胆怯、害羞和局促不安时,立刻把心思放在别的事情上。如果你正在演讲,那么除了讲题,一切都忘了吧。切莫在意别人对你和你的演讲如何看,忘记自己,继续你的演讲。

只要下定决心,就能克服任何恐惧。请记住:除了在脑海中,恐惧无处藏身。害怕时,把心思放在必须做的事情上。如果充分准备,便不会害怕。

创新是增强活力的源泉

所谓创新就是能够想出新点子,创造新事物,发现新路子的一种思维方式，也是一种可贵的精神。它是增强活力的源泉，并能化腐朽为神奇。

在这个多变的时代，如果做不到这一点，即便是拥有了最新的知识，也有可能在激烈的竞争中被淘汰。可以说，创新是成功的动力，没有创新，就没有天才和成功。

1. 认识创新的实际意义

人类社会的发展史，实际上就是一部创新史。如果没有火的使用，没有第一件生产工具的创造，人类至今仍然是茹毛饮血的灵长类动物；如果没有冶铁技术的创造，人类就不能进入发达的农业文明时代；如果没有第一台蒸汽机的发明，人类就不会进入飞速发展的工业文明时代。

我国灿烂的古代文明尤其是举世闻名的"四大发明"曾为世界做出了巨大的贡献，而这些发明如果没有了创新，是不可能产生的。因此，创新能推动社会的发展，更能改变自己的生活，使生活越变越好。

可是在现实生活中，很多人总是喜欢保守，从来不愿接受新事物，对于别人的创新更是嗤之以鼻。然而在日新月异的社会，保守是无法生活下去的，只有敢于接受新事物，勇于创新，才能很好地适应这个社会。

因此，当日常生活中听到别人说某事"不可能"时，就应该想想或许这种思想是常规概念下的结论，或许会有办法将这件事圆满地完成。

如果我们认为这件事值得一做，那么就不妨试试，完成几项别人认为"不可能"的事，我们就会发现自己已在不知不觉中步入了成功者的行列。

不求创新、拘泥保守就没有出路，老方法根本不能解决新问题新情况。因此，我们应该时刻提高自己创新的意识和能力。

当我们改变以往对自己的认定时，很可能就此超过了过去所贴在身上的一切标签，这样我们就会发现一个完全不同的自我。

我们的生命历程就像小河流水一样，想要跨越生命中的障碍，达成某种程度的突破，实现自己的理想，就需要有放弃旧我的智慧与勇气，用一种全新的方法去迈向未知的领域。当环境无法改变的时候，我们不妨试着改变自己。

今天，成功者不是继承型的人，而是创新型的人。因此，让我们学会积极地创新，抛弃以往保守的想法，这样才能大步迈向成功。我们要永远记住一句话：保守使人碌碌无为，大胆创新才能不落俗套，出奇制胜。

2．做到创新的方法

有志者，事竟成，这是创新思维的根本。而传统的想法则是创新成功计划的头号敌人。传统的想法会冻结你的心灵，阻碍你的进步，干扰你进一步发展你真正需要的创造性能力。

我们平时如何做到创新思维呢？

（1）寻找根源

要克服保守观念，就要找到根源，以便对症下药。一般来说，导致我们保守的主要根源有思想和社会两方面的原因。

从思想方面来说，主要是我们缺乏强烈的事业心和责任感，以及骄傲自满，缺乏忧患意识。

在社会根源方面，主要是我们受到传统小生产习惯的影响。喜欢按老方式、老办法、老经验做事，缺乏开放性和创新性。

（2）大胆行动

要想真正克服因循保守观念，强化创新意识，不能只停留在口头上，而要落实到日常行动上，着力解决影响我们创新发展的各种问题。

（3）敢于实践

必须牢固树立实践第一的观点。社会实践是不断发展的，我们的思想认识也应当不断随之前进，不断创新。一定要坚持科学态度，摆脱一切不合时宜的思想观念的束缚，大胆尝试和探索，不断开拓进取。

（4）从实际出发

在日常工作中，我们决不能凭主观愿望和本本上的只言片语行事，更不能照搬照抄旧的思维模式，而应该一切尊重客观事实，这样就可以有效克服自己的保守思想。

（5）长远眼光

现在的社会日新月异，整个世界正在并将继续发生许多新的变化，如果我们看不到这一点而故步自封，就只能被历史所抛弃。这就要求我们以广阔的眼界去观察和把握世界的主题和发展趋势，顺应历史发展的潮流，抓住机遇，迎接挑战，发展自己。

（6）接受创意

要丢弃"不可行""办不到""没有用""那很愚蠢"等思想观念。一位在保险业中表现杰出的人曾经告诉拿破仑·希尔："我并不想把自己装得精明干练。但我却是保险业中最好的一块海绵。我尽我所能去吸取所有良好的创意。"

（7）实验精神

废除固定的例行事务，去尝试新的餐馆、新的书籍、新的戏院以及新的朋友，或是采取跟以前不同的上班路线，或过一个与往年不同的假期，或在这个周末做一件与以前不同的事情等。

（8）主动前进

成功的人喜欢问："怎样才能做得更好？"我们可以每周做一次改良计划。

我们可以每天把各种改进业务的构想记录下来，在每星期一的晚上，花几个小时检视一遍写下的各种构想，同时考虑如何将一些较踏实的构想应用在业务上。

（9）求知欲望

学而创、创而学是创新的根本途径。我们一定要具备勤奋求知的精神，不断地学习新知识，如此才能在自主创新中发挥生力军作用。

学习是基础，没有充分的学习就没有真正的创新。学习是我们进行一切活动的基础，也是我们创新的起点。没有知识基础的创新往往是不负责任的胡闹。

（10）好奇心盛

将蒙昧时期的好奇心向求知时期的好奇心转化，这是坚持、发展好奇心的重要环节。要对自己接触到的现象保持旺盛的好奇心，要敢于在新奇的现象面前提出问题，不要怕问题简单，不要怕被人耻笑。

（11）质疑精神

有疑问才能促使我们去思考，去探索，去创新。因此，平时一定要大胆质疑、提出多种解决问题的方案及最佳方法，从多角度培养自己的思维能力。

提出问题是取得知识的先导，只有提出问题，才能解决问题，从而认识才能前进。我们一定要以锐不可当的开拓精神，树立和提高自己的自信心，既要尊重名人和权威，虚心学习他们的丰富知识经验，又要敢于超过他们，在他们已进行的创造性劳动的基础上，再进行新的创造。

（12）多加思考

要有意识地从多种角度去思考问题，比如说你拿到一个很有争议的问题，那么除了看到现有的解决方式以外，时常想想有没有别的解决方式。然后再好好审视自己的思考结果，看看有没有纰漏。

我们一定不能满足于现成的思想、观点、方法及物体的质量、功用，要经常思考如何在原有基础上创新发明、推陈出新，大脑里经常有"能否换个角度看问题""有没有更简捷有效的方法和途径"等问题。

总之，在日常的学习、工作和生活中，我们要冲破传统的观念和思维方式，在实践中树立开放观念，增强创新意识，积极地调整自己的思维和生活方式，善于在广阔的时空中吸纳新思想，以达到正确解决问题的目的。

3. 管理和发展创意的技巧

创意是我们创新思维的果实，但是只有在适当的管理彻底实行之后才有价值。我们一般的创意都很脆弱，如果不好好维护，就会被消极保守的思想破坏殆尽。现在让我来教你一些管理和发展创意的技巧吧！

（1）随时记下你的创意

我们每天都有许多新点子，却因为没有立刻写下来而消失了。一想到什么，就马上写下来。

有丰富的创造心灵的人都知道，创意可随时随地翩然而至。不要让它无缘无故地飞走，找支笔记下来吧。

（2）定期复习你的创意

把创意装进档案中。这种档案可能是个柜子，是个抽屉，甚至鞋盒。从此定期检查自己的档案，其中有些可能没有价值，就干脆扔掉，有意义的才留下来。

（3）培养完善你的创意

要增加创意的深度和范围，把相关的联合起来，从各种角度去研究。时机一成熟，就把它用到生活、工作以及你的将来上，以便有所改善。

当建筑师得到一个灵感时，会画一张蓝图；当广告商想到一个促销广告时，会画成一系列的图画；当作家写作以前，也要准备一份提纲。

你要设法将灵感明确、具体地写出来，因为，当它具有具体的形象时，很容易找到里面的漏洞，同时在进一步修改时，很容易看出需要补充什么。

接着，还要想办法把创意推销出去，不管对象是你的顾客、员工、老板、朋友、俱乐部的会员，还是投资人，反正一定要推销出去才行，否则就白费力气。

以良好的心态面对挫折

人生在世，谁都会遇到挫折，适度的挫折也并不是什么坏事，它可以帮助人们驱走惰性，促使人奋进。挫折又是一种挑战和考验。英国哲学家培根说过："超越自然的奇迹多是在对逆境的征服中出现的。"关键的问题是我们应该如何面对挫折。

1. 了解挫折感的原因与表现

我们的个人需要不是任何时候都能够满足的，不能实现，就会产生挫折现象，带来消极心理，影响后续目标的产生和实现。挫折的本质是动机不能满足。

我们是否体验到挫折，与我们的抱负水平密切相关，即与我们对自己所要达到的目标规定的标准密切相关。标准越高，越容易产生挫折。

如果行为结果落于两个标准之间，那么高于标准会产生成就感或满足感，低于标准则造成心理挫折，不管这两个标准是由两个人还是同一个人在不同时期做出。

个人的重要动机受到阻碍时，所感受到的挫折会较大；而较不重要的动机受到阻碍时，则易被克服或被别的动机的满足所取代，因此只构成一种丧失的心理感受，对个人的挫折不大。而动机的重要性又因人而异，因时境而异。所以挫折可以说是一种主观的感受。

挫折感还与我们的期望程度和努力程度有重要关系。如果我们真的很用心，并认为自己一定能成功，又花了大量心血，即使是短暂的受阻，也会让我们产生强烈的挫折感。

我们在遭受挫折后会有理智和非理智的反应。理智反应在心理学上又称积极进取。如有的人在受到挫折后毫不气馁、反复尝试。有的人当一种动机和行为经一再尝试仍不能达到成功，为了满足需要，采取调整目标降低要求，使之达到。有的人当估计原定目标根本不可能达到时，就改变原定目标，设置另一个新目标来代替或补偿，或者说谋求新的需要满足来代替原来的需要。

非理智反应在心理学上又称消极的适应或防卫。如有的人在受到挫折后失去信心、勇气，情绪不稳定，患得患失，生理上出现心悸、头昏、冒冷汗、胸部紧缩等。

我们对挫折的容忍力反映了我们对待挫折的态度。我们的一生不知要遇到多少挫折，有的轻微，有的严重，能否战胜它，很大程度取决于各人的态度。

如果我们的心胸开阔、性格乐观，充满自信，能向挫折挑战，百折不挠，直至取得最后胜利。如果我们心胸狭窄，性格内向，忧心忡忡，一遇挫折就会一蹶不振，甚至出现行为错乱，失去应付能力。

2. 消除挫折心理的技巧

我们要知道，现实和理想不会是一致的，我们随时随地都可能产生挫折。虽然挫折有某些有利性，但总的来说还是弊大于利。

我们平时该如何提高自己承受挫折的心理能力呢？

（1）要认清失败

要走出失败的阴影，请明白以下几点：

成功不会轻松而来，失败总是难免的。失败和成功一样，也是一笔财富，失败并不同于平庸，只要你不放弃，你就永远拥有成功的机会。成功和失败都是生活的一部分，它们的不同感觉让你的人生更加多姿多彩。

失败并不意味着失去一切，失去的东西将会以其他方式补偿给你，失败能给你带来什么呢？

失败给了你一次进行自我反省的机会。失败带给人们的首先是心灵上的震动，而这种震动恰好能使你重新认识自己。可能你一直消沉颓废自己却根本没意识到，失败的震动让你好好梳理自己的心情，调整好自己的状态；可能你骄傲自满，目空一切，不可一世，失败却像一瓢冷水将你从头淋到脚，让你好好反省。

经验和教训是失败送给我们最好的礼物，它们将成为成功的有利条件。有了这些经验和教训，在以后的生活中，我们可以少走许多弯路，节省成功的成本，从另一个角度看，这又何尝不是一次成功呢？

失败能激发你的勇气，磨炼你的意志。如果我们长期处于安逸舒适的环境中，勇气、意志、雄心就会被安乐的氛围逐渐磨掉，失去战斗力，环境发生变化，常常不攻自破。我们必须随时注意磨炼自己的意志，激发自己的勇气。

失败能使你意志更加坚不可摧。勇气的激发和意志的磨炼只能在一次次具体行动中进行，失败就是考验你的时刻。

（2）有全局观念

要从全局着想，用发展的眼光看待眼前的挫折。那种具有远大理想、能用正确的积极的眼光去看社会看生活的人，往往更能够承受挫折带来的影响。

（3）要正视逆境

生活中有晴天也有雨天，有欢乐也有痛苦。挫折是不能避免的，我们一生必然要与挫折打交道。有人做过统计，成名的作家中，绝大多数都经历过坎坷的生活之路。凡成功者，都与挫折进行过无数次战斗。

（4）要冷静分析

遇到挫折时应进行冷静分析，从客观、主观、目标、环境、条件等方面找出受挫的原因，采取有效的补救措施。

（5）要调整目标

要注意发挥自己的优势，并确立适合自己的奋斗目标，全身心投入工作之中。如果在实施过程中，发现目标不切实际，前进受阻，则必须及时调整目标，以便继续前进。

（6）要转化压力

适当的刺激和压力能够有效地调动我们机体的积极因素，我们最出色的工作往往是在挫折逆境中完成的。

（7）暗示自己

在打击来临后，我们要有一个冷静、理智的头脑，认真分析挫折产生的原因及眼前的处境，审时度势。眼睛向着理想，双脚踏着现实，努力朝着目标前进。我们可以暗示自己说："这正是考验我的时候，正是体现我生命本色的时候。"

（8）要认清自己

"认识你自己"十分重要，我们每个人都有自己的优缺点，应扬长避短，充分发挥自己的优势。五音不全者想当音乐家、色盲想当画家只能徒增烦恼。

（9）增强容忍力

挫折容忍力是一个人在面对逆境或遭受打击后，能摆脱不良情绪的影响，使心理保持正常的能力。增强挫折容忍力要求锻炼好身体，多参加社会活动，提高自己的文化素质，完善个性。

（10）体验成功

我们如果经常遭到挫折，自信就会减弱。若多发扬自己的优点，在自己力所能及的范围内积极取得成功体验，就能够增强自信心，战胜挫折。

（11）精神发泄

精神发泄又称心理治疗法。我们可以在限制环境下自由发泄受压抑的非理智的情感，以达到心理平衡，及早恢复理智状态。也可以主动找朋友或陌生人倾吐心声、减轻心理压力等。

发泄无须任何心理准备或技术要求，发泄经常得不到公正的评价，因而不少人即使是内心非常苦闷，也不敢轻易地流露，从而郁积在心里，久而久之会对生理和心理造成一定的伤害。人有苦闷就应发泄，只要手段正确、方式恰当即可。

总之，失败并不像青面獠牙的恶魔一样让人可怕，我们都与它握过手。在我们学习那些坚韧不拔、百折不挠的生活强者时，我们也能将失败像蛛网那样轻轻抹去，只要我们心里有阳光，只要我们抬起不屈的头颅，我们就能说：命运在我手中，失败算得了什么！

3. 挫折心理的自我测试

（1）公路上发生一起交通事故，警察控制了局势，你：

①停下来打听情况，设法帮助。

②袖手旁观。

③继续走路。

（2）就在你准备出去玩的时候，家里急需你留下，你：

①义无反顾地去玩。

②非常不情愿地留下来，且满腹牢骚。

③留下来，等有空的时候再去玩。

（3）抱怨自己的健康情况，你：

①经常。

②有时。

③从不。

（4）在大街上发现某人不省人事时，你：

①赶紧离去。

②设法帮助。

③找警察或叫医生。

（5）当医生劝你注意休息，改变日常生活习惯时，你：

①不予理睬。

②减少日常活动。

③原原本本地接受。

（6）很不幸，你在某件事上已失败两次，当别人劝你第三次努力时，你：

①拒绝。

②满腹狐疑地再试一次。

③先考虑一会儿，做一番研究，然后再做尝试。

（7）书读到精彩部分时，也到了睡觉时间，特别是第二天的学习还需要全力以赴地应对，你：

①接着读。

②匆匆浏览。

③立即合上书,躺下睡觉。

（8）在某次聚会中,突然发现你的上衣或裤子破了,这时你：

①赶紧回家。

②极力掩饰。

③请朋友帮助,以摆脱困境。

（9）当确认自己被跟踪时,你：

①撒腿就跑。

②停下来和别人说话。

③继续向前走,直到有人的地方。

（10）当不幸将多年的积蓄丢得一干二净时,你：

①精神肉体受到极大打击。

②向朋友借钱。

③耸耸肩,重新开始。

现在我们来看看你选择的结果吧！每道题选择第一个答案得10分,选择第二个答案得5分,选择第三个答案得0分。你得了多少分呢？

如果你的分数在50分至100分：说明不是命运与你作对,而是你缺乏勇气。你应该采取措施,使自己不要过分好奇、多疑或胆小怕事,要勇于面对现实。

如果你的分数在25分至45分：说明你能正视人生,应付自如,希望你能持之以恒。

如果你的分数在0分至20分：说明你能完美地处理各种问题,从不向困难折腰,你就是命运的主人。